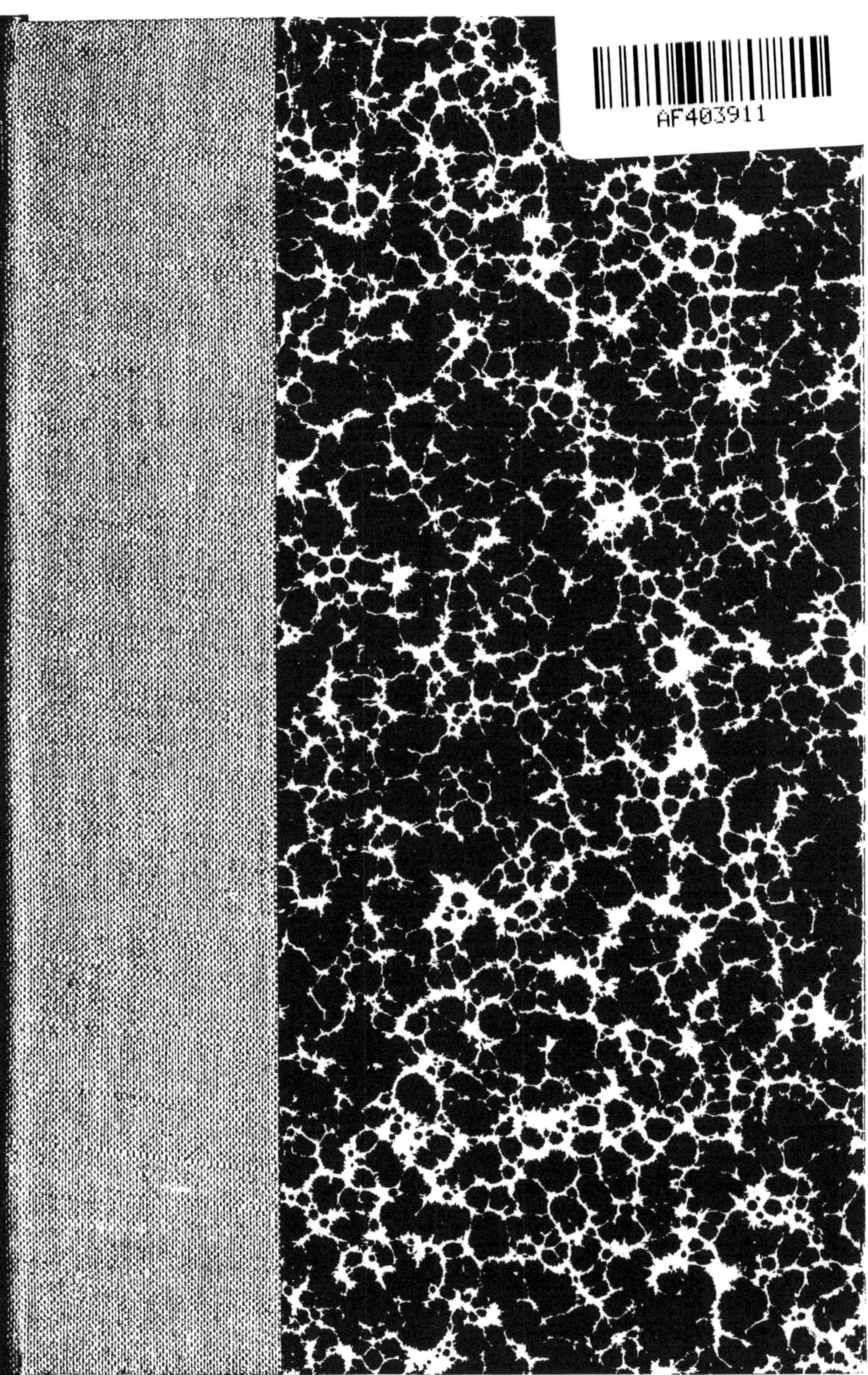

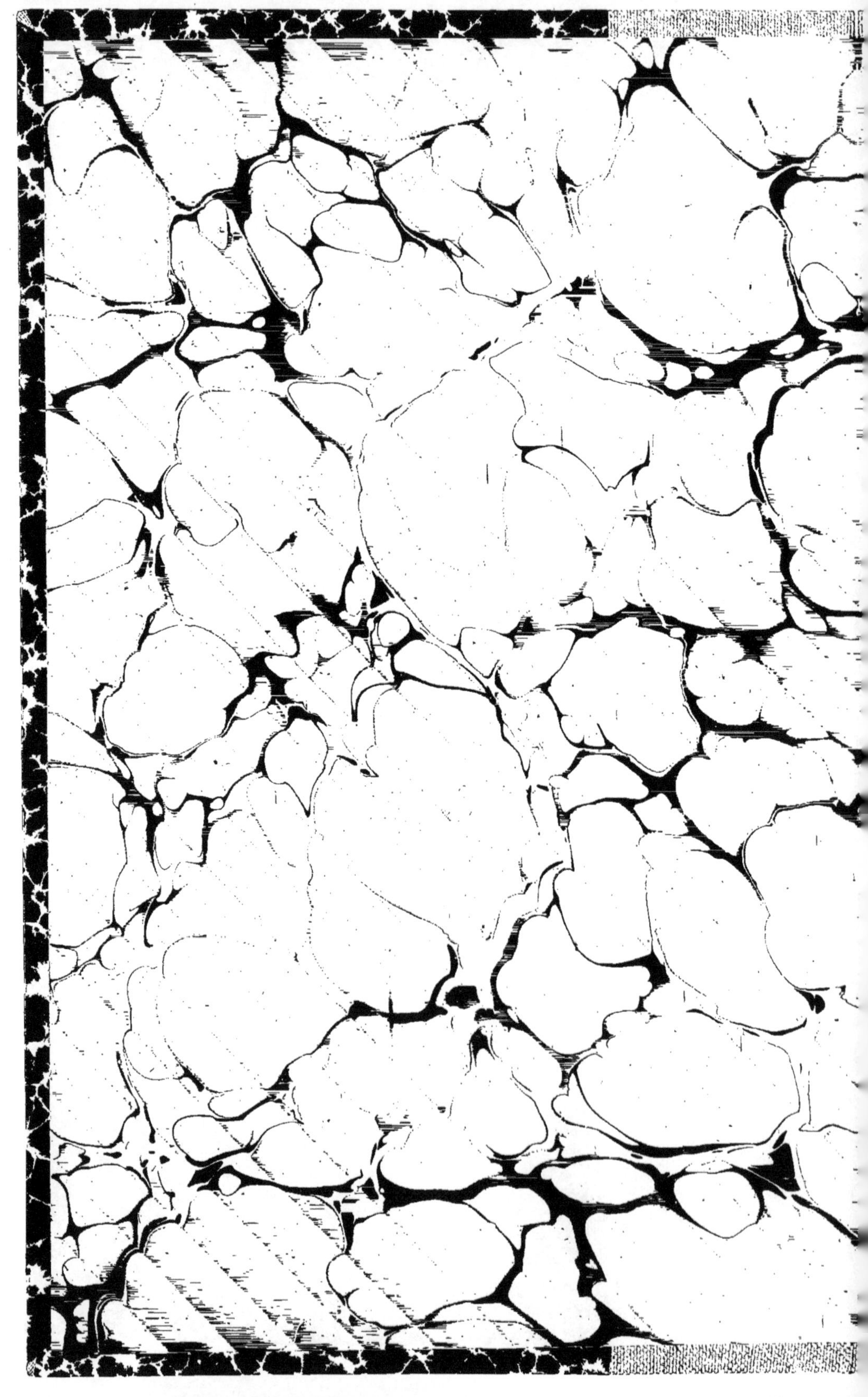

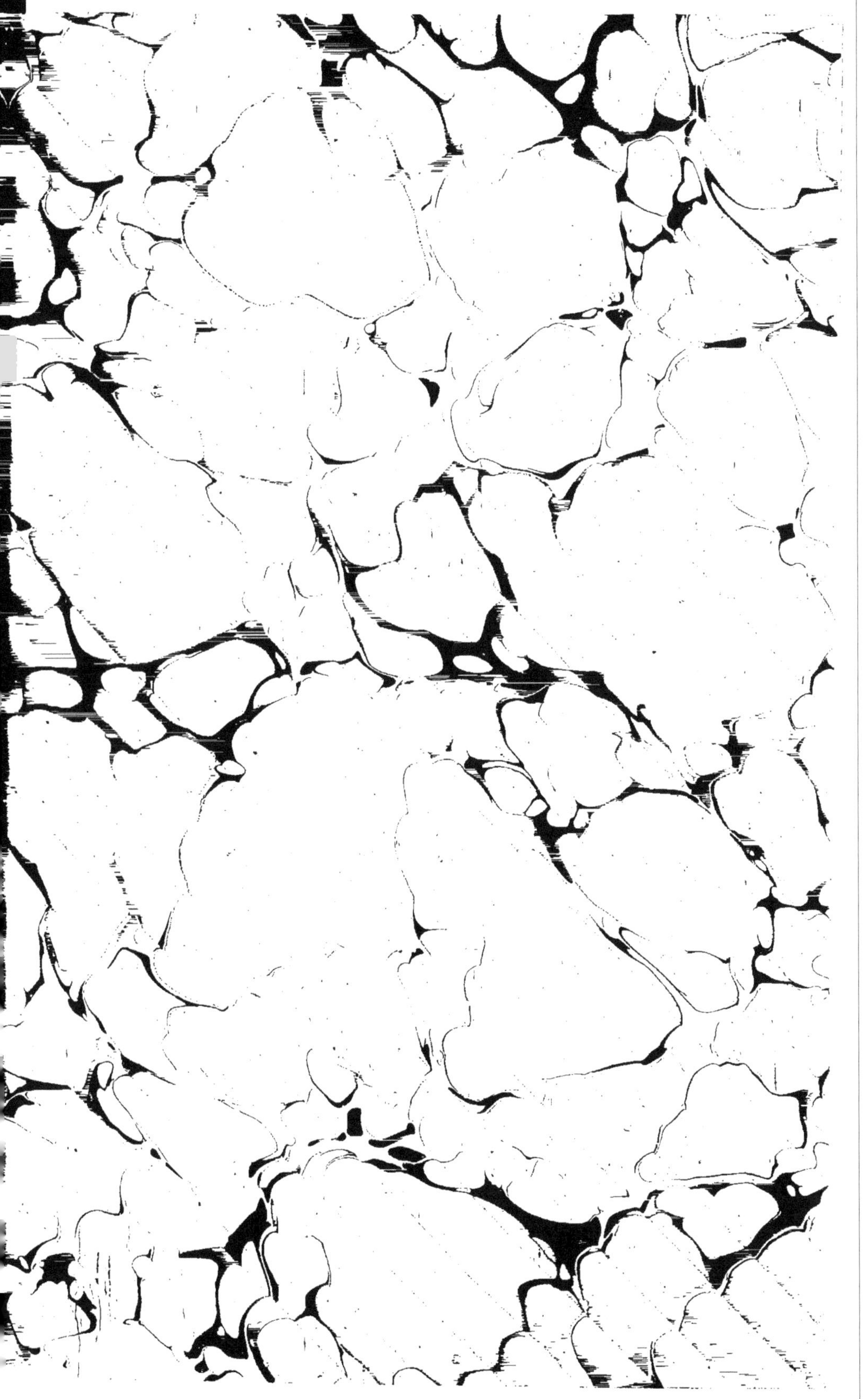

FAUNE

DE LA

SÉNÉGAMBIE

PAR

A.-T. DE ROCHEBRUNE

Docteur en Médecine

LAURÉAT DE LA FACULTÉ DE MÉDECINE DE PARIS, LAURÉAT DE L'INSTITUT (AC. DES SC.),
ANCIEN MÉDECIN COLONIAL A Sᵗ-LOUIS (SÉNÉGAL), AIDE-NATURALISTE AU MUSÉUM DE PARIS,
MEMBRE DE LA SOCIÉTÉ LINNÉENNE DE BORDEAUX, ETC., ETC.

REPTILES

Avec vingt planches en couleur retouchées au pinceau.

PARIS

OCTAVE DOIN

ÉDITEUR

8, PLACE DE L'ODÉON,

1884

FAUNE

DE LA

SÉNÉGAMBIE

Bordeaux. — Imprimerie J. Durand, rue Condillac, 20.

FAUNE

DE LA

SÉNÉGAMBIE

PAR

A.-T. DE ROCHEBRUNE

Docteur en Médecine

LAURÉAT DE LA FACULTÉ DE MÉDECINE DE PARIS, LAURÉAT DE L'INSTITUT (AC. DES SC.),
ANCIEN MÉDECIN COLONIAL A St-LOUIS SÉNÉGAL), AIDE-NATURALISTE AU MUSÉUM DE PARIS,
MEMBRE DE LA SOCIÉTÉ LINNÉENNE DE BORDEAUX, ETC., ETC.

REPTILES

Avec vingt planches en couleur retouchées au pinceau.

PARIS

OCTAVE DOIN

ÉDITEUR

8, PLACE DE L'ODÉON,

1884

—

Tous droits réservés.

FAUNE DE LA SÉNÉGAMBIE

REPTILES.

CONSIDÉRATIONS GÉNÉRALES.

§ 1. — Trois publications spéciales à la faune Herpétologique
de la Sénégambie nous sont seulement connues; ce sont par
ordre de dates : 1° le mémoire de A. Dumeril sur les Reptiles de
la côte Occidentale d'Afrique, 1861 (1); 2° celui de Steindachner
sur quelques Reptiles du Sénégal, 1870 (2); et 3° le travail de
Böettger sur les Reptiles du Sénégal et du Cap-Vert, 1881 (3).

A part ces trois publications, dont les deux dernières comptent
un nombre très restreint d'espèces et fournissent des indications
souvent erronées, c'est à force de recherches pénibles dans les
recueils périodiques étrangers, que l'on arrive à connaître à peu
près exactement le nombre des Reptiles appartenant à la faune
de la région qui nous occupe (4).

Parmi les notes et les diagnoses disséminées dans ces recueils
périodiques, il convient de citer : celles de Kuhl (5), Bell (6),

---

(1) *Archives du Muséum*, t. X.

(2) *Sitzungsberichte d. Ak. d. Wissenschaften zu Wien.*

(3) *Abhandhungen Herausg. V. d. Senckenberg. Naturforschenden Ges-
selschaft.*

(4) Nous ne saurions trop faire remarquer le manque absolu d'ouvrages
Français sur la faune des diverses régions Africaines.

(5) *In Oken, Isis,* Passim.

(6) *Transaction of the Linnean Society of London,* Passim.

Gray (1), Gunther (2), Cope (3), Hallowell (4), Reichenow (5), Peters (6), Barboza du Bocage (7).

Les faunes locales des contrées limitrophes fournissent un contingent considérable de types également propres à la Sénégambie, et doivent être consultées, ne fût-ce même qu'à titre de comparaison; nous mentionnerons plus particulièrement les ouvrages de E. Geoffroy Saint-Hilaire (8), Blanford (9), Rüppel (10), Smith (11), Peters (12), L. Vaillant (13), Sauvage (14), Barboza du Bocage (15).

Les ouvrages généraux renferment également d'utiles indications; tels sont ceux de Lacépède (16), Daudin (17), Dumeril et Bibron (18), Merrem (19), Swainson (20), Wagler (21), Wiegmann (22), Schlegel (23), Fitzinger (24), Gray (25), Gunther (26), Jan (27), Strauch (28), etc.

(1) *Proceedings of the Zoological Society of London*, Passim.

(2) *Proceedings of the Zoological Soc. of Lond. et Annales and Magazine of Nat. History*, Passim.

(3, 4) *Proceedings of the Academy of Natural sciences of Philadelphie*, Passim.

(5) *Archives fur Naturgeschichte Neue folge*, Passim.

(6) *Monatsberichte d. K. Akad. d. Wissenschaften zu Berlin*, Passim.

(7) *Jornal de Sciencias da Academia di Lisboa*, Passim.

(8) *Description de l'Egypte, Reptiles.*

(9) *Observation on the Zoology and Geology of Abyssinia.*

(10) *Neue Wirbelthiere zu d. fauna von Abyssinien Gehörig.*

(11) *Illustrations of the Zoology of South Africa*, Reptiles.

(12) *Naturwissenschaftliche Reise Nach Mossambique Zoologie;* Amphibien.

(13) *In G. Revoil faune et flore des Pays Çomals.*

(14) *Bulletin de la Société Philomathique de Paris*, Passim.

(15) *Listas dos Reptis das possessoes Portuguezas d'Africa Occidental.*

(16) *Histoire Naturelle des Quadrupèdes ovipares.*

(17) *Histoire des Reptiles.*

(18) *Erpetologie générale.*

(19) *Tentamen Systematis Amphibiorum.*

(20) *The Natural History of Fishes, Amphibious and Reptiles.*

(21) *Natürlichs System der Amphibien.*

(22) *Archives fur Naturgeschichte.*

(23) *Essai sur la Physionomie des Serpents.*

(24) *Neue Classif. der Reptilen* et *Verhandlung. d. Gesselch. Natr. zu Berlin*, Passim.

(25) *Catalogues Bristish Museum.*

(26) *Catalogue Colubrini Snakes.*

(27) *Elenco syst. Degli Ofidi* et *Iconographie générale des Ophidiens.*

(28) *Mémoires de l'Acad. Imp. des Sciences de Saint-Pétersbourg*, Passim.

Quant aux récits des voyageurs, bien peu contiennent des renseignements sur les Reptiles; Adanson lui-même n'en parle que subsidiairement.

§ II. — L'étude des Reptiles de la Sénégambie et des autres parties du continent Africain conduit aux mêmes conclusions que celles précédemment posées à propos des Mammifères et des Oiseaux; comme pour ces deux classes, on constate l'énorme dispersion des genres et des espèces; le mélange de types Égyptiens, de Nubie, d'Abyssinie, du Cap, du Gabon, d'Angola, de la côte de Guinée, de celle de Mosambique, etc., est indéniable, et l'impossibilité de caractériser des zones, des sous-régions zoologiques distinctes, se montre de plus en plus évidente.

A. Dumeril (1), partisan des idées, selon nous, inadmissibles de Pucheran (2), relatives aux zones zoologiques Africaines, est le seul qui ne les ait pas admises pour les Reptiles.

C'est en vain que Wallace, à l'exemple de Sclater, Gunther et autres Naturalistes, s'est efforcé de caractériser ces zones, ces sous-régions, comme il les appelle (3); son argumentation n'a pas plus de valeur quand il étudie les Reptiles, que lorsqu'il considère les Mammifères et les Oiseaux; ses listes de familles et de genres, incomplètes ou fausses, sont en désaccord complet avec les développements dont il les fait précéder ou suivre, et ses types caractéristiques sont d'autant plus mal choisis qu'ils combattent ses théories au lieu de les affirmer.

La présence en Afrique, d'un certain nombre d'espèces, de genres, de familles même, que l'on n'a retrouvé jusqu'ici dans aucune autre partie du monde, est un fait notoire que Wallace ne pouvait évidemment méconnaître; mais quoi qu'il ait pu dire, ces espèces, ces genres, ces familles ne sont, en aucune façon, localisées.

Le genre *Pristurus*, l'un des trois cité par Wallace, comme caractéristique de la sous-région *East African, or central and East Africa*, existe en Sénégambie; les genres *Kinixys* et *Pelophilus*, pour l'auteur de la Géographical distribution of Animals,

____

(1) *Arch. Mus.*, t. X, *loc. cit.*, p. 158.
(2) Voir *Mammifères de la Sénégambie*, p. 4 et seq.
(3) *The Geographical distribution of Animals.* 2 vol. in-8o, 1876

sont spéciaux à la sous-région *West African ;* or le genre *Kinixis* a été observé en Sénégambie, en Mosambique en Abyssinie, et le genre *Pelophilus,* appartient surtout à Madagascar; la sous-région *South African,* aurait en propre, les genres *Cordylus* et *Lamprophis,* cependant ces deux genres se retrouvent en Sénégambie; enfin la famille si remarquable des *Rachiodontidæ* n'est pas seulement confinée dans l'Ouest et le Sud, puisqu'elle compte des représentants dans l'Est et en Mosambique.

Sans vouloir comparer entre eux les divers Reptiles des prétendues sous-régions Africaines, travail pour lequel, du reste, beaucoup de documents font défaut, il suffit, pour montrer leur dispersion considérable, d'opposer les types Sénégambiens à ceux répartis sur le continent tout entier.

En se bornant aux chiffres donnés par Wallace (1), et aux indications fournies par les auteurs de faunes locales, l'ensemble des Reptiles distribués sur le continent Africain, abstraction faite bien entendue de la région Méditerranéenne, s'élève à environ 583 espèces, ainsi réparties :

Chéloniens	45 espèces.
Crocodiliens	4 —
Lacertiliens	245 —
Ophidiens	289 —

D'autre part, les espèces Sénégambiennes s'élèvent à 345, divisées en :

Chéloniens	33 espèces.
Crocodiliens	4 —
Lacertiliens	129 —
Ophidiens	168 —

La Sénégambie à elle seule possède par conséquent : 39,08 pour 100 des espèces Africaines; ces 39,08 pour 100, se subdivisent de la manière suivante :

Chéloniens	73,33 pour 100.
Crocodiliens	100 —

---

(1) Pour éviter toute confusion, nous acceptons les groupes tels qu'ils sont établis par Wallace, d'après la classification de Goenther (Wallace, t. I, p. 99, *loc. cit.*) ; les résultats, du reste, seraient identiques en prenant pour base de nos discussions, la classification que nous avons suivie dans cette étude.

Lacertiliens.......................... 52,65 pour 100.
Ophidiens............................ 58,13   —

Ces chiffres nous dispensent d'insister plus longuement; ils démontrent surabondamment, croyons-nous, nos affirmations précédentes.

Les relations existant entre les faunes du continent Africain, et celle de l'Asie et de l'Archipel Indien (*The Oriental region*) ont été longuement développées et ne supportent plus aujourd'hui de discussion, les Reptiles les confirment plus encore peut-être que les représentants des autres classes, et Wallace ne peut se dispenser de partager l'opinion accréditée; mais, selon lui (et il compte bon nombre d'imitateurs), des relations non moins grandes sont manifestes avec la faune Américaine (*The Neotropical region*).

Cette assertion est réduite à néant par les chiffres mêmes de Wallace, bien qu'il se borne à examiner les familles, tenant à peine compte des genres et encore moins des espèces.

Etant, en effet, donné le nombre des familles par région, c'est-à-dire :

Pour la région Orientale................... 35 familles.
   —   Néotropicale............... 37   —
   —   Paléarctique............... 35   —
   —   Australienne............... 31   —

Sachant, d'autre part, que l'Afrique possède 32 familles dont :

14 sont communes avec la région Orientale.
5   —   Néotropicale.
11   —   Paléarctique.
2   —   Australienne.

Il en résulte que le nombre des familles Africaines communes avec les autres régions se trouve dans le rapport de :

4   pour 100 pour la région Orientale.
1,03   —   Néotropicale.
3,01   —   Paléarctique.
0,61   —   Australienne.

Le 1,03 pour cent de la région Néotropicale est donc, pour ainsi dire, nul et c'est à peine si l'on doit le mettre en ligne de compte.

L'étude des genres conduit à des résultats semblables ; car, par le relevé des tableaux de Wallace, on obtient les proportions suivantes :

23 genres communs avec la région Orientale.
11   —   Néotropicale.
13   —   Paléarctique.
5   —   Australienne.

Enfin, comme preuves irréfutables, Wallace invoque les Serpents de la famille des *Homalopsidæ* et des *Dryophidæ*.

» The Snakes of the family *Homalopsidæ*, dit-il (*loc. cit., t.* 1., p. 265), have a *wide range,* in America, Europe and all ower of the Oriental region, but are confined to West Africa in the Æthiopian region; *Dryophidæ* of tropical America, occur also in West Africa ».

Quelques recherches dans l'ouvrage de Wallace établissent qu'en définitive l'Afrique possède quatre espèces de la famille des *Homalopsidæ;* deux genres et trois espèces de celle des *Dryophidæ;* de plus le *wide range* des *Homalopsidæ,* en Amérique (*loc. cit.,* p. 265), se réduit à quatre genres (*loc. cit,* p. 376), tandis que la région Orientale en contient onze.

En supposant, un instant, la présence en Amérique et en Afrique d'un nombre égal de genres dans une ou plusieurs familles, du moment où ces genres ne sont pas les mêmes, ils ne prouvent, en aucune façon, la trace d'une relation quelconque entre les deux continents, car Wallace avoue toujours en parlant des espèces de la famille des *Homalopsidæ* propres aux régions Orientale et Ethiopienne : « That the Æthiopian species constitute peculiar genera, so that in this family, the separation of the Æthiopian and Oriental region is very well marked. »

Il est impossible, nous le répétons, d'accumuler plus de contradiction, et de fournir plus bénévolement que ne le fait Wallace, des armes propres à combattre ses propres théories.

Les prédécesseurs, comme les imitateurs du naturaliste Anglais, ne disposent pas de preuves plus concluantes ; ce qui montre sur quels fondements peu solides repose la division du continent Africains en *zônes* ou en *sous-régions* Herpétologiques.

§ III. — Il serait hors de propos de discuter les données émises par Schlegel, sur la distribution géographique des Reptiles

Africains; ce qui pouvait être admissible à l'époque où il publiait son indigeste *Essai sur la physionomie des Serpents* (1837), n'a plus aujourd'hui sa raison d'être; il en est tout autrement de ses opinions relatives aux modifications exercées par la nature du climat, sur la coloration des animaux, comme aussi sur d'autres caractères, et l'on fait aujourd'hui trop souvent appel, avec lui, aux RACES LOCALES, pour que nous n'examinions pas rapidement ce qu'il y a d'erroné dans ces lois et leurs applications.

En principe général, le climat du continent Africain, modifierait, d'après Schlegel, non seulement la coloration des animaux, mais aussi la conformation de tels ou tels de leurs organes.

Ainsi : « le *Monitor Niloticus* d'Égypte et du Sénégal serait remplacé au Cap par une *variété locale,* à teintes plus foncées et à dessins plus prononcés, dont on a fait le *Monitor albogularis* (*loc. cit.,* p. 216).

« Le *Vipera arietans* du Cap offrirait des teintes beaucoup plus pâles en Nubie et en Abyssinie (*loc. cit.,* p. 216).

« Le *Testuto pardalis* du Cap, également rapporté du Sénégal et d'Abyssinie, au lieu d'avoir dans ces lieux la carapace ornée d'un beau dessin noir et jaune, serait d'un gris jaunâtre uniforme, de plus *toutes les appendices* (1) de la peau auraient acquis sous l'influence d'un *climat aussi vigoureux,* un développement plus fort, de sorte que les écailles des pieds de devant auraient été transformées en pointes, ou même en épines; cette variété locale porte le nom de *Testudo sulcata* (*loc. cit.,* p. 216).

» Enfin, à Madagascar, au lieu de deux variétés locales : les *Emys Galeata* du Cap et *Geafiæ* d'Abyssinie, il existerait une race différente : le *Sternotherus nigricans* qui, quoique modelé sur le même type, se distinguerait constamment par des formes plus lourdes, une carapace moins large et un plastron en partie mobile, ce dernier caractère sans valeur, car, dit Schelgel, j'ai constaté le peu d'importance du caractère tiré de la mobilité du plastron et démontré que très souvent ce caractère est *purement accidentel* ou *simplement l'effet de l'âge.* » (*loc. cit.,* p. 217).

Devant de semblables aberrations :

---

(1) Nous copions textuellement, nous ne répondons pas des fautes de français.

Lorsque tous les Herpétologistes savent que le *Monitor albogularis,* prétendue *variété locale* du Cap, existe en Sénégambie et en Mosambique, avec une coloration semblable dans les trois localités;

Lorsque personne n'ignore que le *Testudo pardalis* du Cap, aux dessins jaunes et noirs, aux écailles des jambes antérieures lisses, se trouve en Sénégambie et en Abyssinie avec des caractères identiques et que le *Testudo sulcata* vit au Cap comme au Sénégal et en Abyssinie, avec sa teinte jaune grisâtre et ses pieds de devant armés d'écailles épineuses;

Lorsque il est démontré que la livrée du *Vipera arietans* varie suivant les individus et se montre claire ou obscure chez les spécimens du Cap, aussi bien que sur ceux d'Abyssinie et de Nubie;

Lorsque, enfin, la *mobilité du sternum* des *Sternotherus* est universellement acceptée, comme un *caractère générique fondamental,* que tous les auteurs les séparent des *Emys (Pelomedusa) Galeata* et *Geafiæ,* et que les uns et les autres sont indifféremment distribués sur tout le continent;

Toute réfutation serait puérile; les idées conçues par un cerveau en démence ne supportent pas de discussion.

Si l'influence climatérique *seule* possédait la puissance de transformer du tout au tout un type, ce qui est inadmissible, il faudrait tout d'abord, ce nous semble, que le climat d'une région donnée, fût diamétralement différent de celui d'une autre région comparée; peut-être au temps de Schlegel, le Cap, la Sénégambie, l'Abyssinie, l'Égypte, la Nubie, étaient dans ce cas; aujourd'hui ces régions ne nous sont pas connues sous cet aspect, aussi hésitons-nous à les considérer comme *autant d'officines de races locales.*

» En résumant, dit Schlegel, et en déduisant des lois (*loc. cit.,* p. 218), on arrive à ce résultat : que la différence des animaux qui se représentent mutuellement dans l'Afrique Australe et Septentrionale, se réduit à un développement plus ou moins complet de certaines parties et à une diversité dans les teintes; ceux qui habitent les dernières contrées, montrent ordinairement une livrée d'un jaune ou gris pâle, couleur propre à tant d'animaux qui fréquentent les déserts et que j'appellerais volontiers la *couleur du désert.* »

Ces conclusions nous révèlent un fait que nous ignorions au moment où, dans la partie Mammalogique de cet ouvrage, nous discutions les propositions de Pucheran, sur la teinte des Mammifères Africains, fait d'où il résulte que Pucheran a servilement copié Schlegel et formulé comme lui étant propres, les inadmissibles principes du Naturaliste Hollandais.

Quoi qu'il en soit, l'argumentation dont nous nous sommes servi, en traitant des teintes du pelage des Mammifères d'Afrique, étant rigoureusement la même lorsqu'on envisage la livrée des Reptiles, nous ne reviendrons pas sur ce sujet.

Nous insisterons néanmoins sur la faible valeur des caractères reposant uniquement sur des variations de couleurs, et nous signalerons les erreurs nuisibles que les théories préconçues et fantaisistes, font naître inévitablement :

Quand un Naturaliste entraîné par les écarts d'une imagination maladive, se plaît à couronner un système impossible, par une classification basée sur ce qu'il appelle la PHYSIONOMIE, « après avoir remarqué en examinant une série d'animaux vivants, qu'il se peint dans leurs *traits*, dans leurs *regards* et jusque dans leurs *formes*, l'expression de certains *penchants, d'habitudes, de passions*, qui sont d'une manière plus directe que chez l'homme, le résultat de l'organisation » (Schlegel, *loc. cit.*, I, p. IV); rien ne doit étonner de la part de ce Naturaliste, rien ne doit surprendre de la part de ceux qui l'admirent et l'imitent.

Dès lors, les caractères fondamentaux tirés de l'organisation des animaux s'effacent devant *l'expression des passions, des penchants,* reflétés par leurs *traits* par leurs *regards* mêmes; pour tout dire, les types les plus tranchés, reconnus et acceptés par les Maîtres, disparaissent pour laisser le champ libre : aux RACES et aux VARIÉTÉS LOCALES, créations si utiles à certains Zoologistes, et le plus bel ornement de leurs remarquables ouvrages, devant lesquels, beaucoup cependant ne se sentent pas le courage de s'écrier : CREDO QUIA ABSURDUM.

DESCRIPTION ET ÉNUMÉRATION DES ESPÈCES [1]

CHELONII Opp.

TESTUDINIDÆI C. Bp.

Fam. **CHERSINIDÆ** Merr.

Gen. **TESTUDO** Lin.

1. TESTUDO PARDALIS Lin.

Testudo pardalis Bell, Zool. Journ., t. II, p. 20, t. XXV.
        —   Dum. et Bib., Erp. Gen., t. II, p. 71.
        —   Gray, Cat. Shield Rept., 1855, p. 9.
Geochelone pardalis Fitz., Syst. Shield., p. 122.
Testudo bipunctata Cuv., R. An., t. II, p. 10.
        —   *Boiei* Wagl., Icon. Amph., t. XIII.

Ekaga. — Peu commun. — Gambie, Casamence, Ile aux Chiens, Ghimberinghe, Samatite, Samone.

---

(1) Notre classification des Reptiles de la Sénégambie est établie d'après les systèmes récents proposés par les Monographes les plus autorisés; nous aurons soin, en traitant de chaque ordre, d'indiquer les sources où nous avons puisé.

C'est ainsi que, pour les *Chelonii*, la classification proposée par M. le Professeur L. Vaillant (*Bull. Soc. Phil.*, Paris, 1877, 7ᵉ série, t. I, p. 54) nous a paru devoir être préférée, avec d'autant plus de raison que, basée sur la disposition des vertèbres cervicales, elle correspond, en quelque sorte, aux divisions de Dumeril et Bibron (*Erp. Gen.*, 1834, t. I, p. 364-365), qui jusqu'ici avaient été acceptées, malgré de légères modifications.

Le *Testudo pardalis,* généralement indiqué comme spécial à l'Afrique Australe, habite également la Sénégambie où nous l'avons recueilli, plus particulièrement dans les régions arrosées par la Gambie et la Casamence; c'est exceptionnellement que nous l'avons observé à l'Ouest, sur la lisière des forêts du pays des Sérères, et sur les bords de la rivière Samone.

Chez presque tous les Chéloniens, la forme de la boîte osseuse, comme celle des membres du cou et de la tête, éprouvent des modifications au fur et à mesure des progrès de l'âge.

Dans l'espèce qui nous occupe, l'adulte présente une teinte générale d'un jaune livide semé de taches nombreuses, petites et irrégulières, d'un brun noirâtre. Chez les jeunes, le fond de la couleur est jaune brillant, chaque plaque de la carapace est entourée de deux lignes brunes, alternant avec des lignes d'un jaune pâle, les unes et les autres coupées obliquement par d'autres lignes interrompues d'un brun rouge; au centre de ces écailles, existe un espace fortement chagriné, divisé en deux partes égales par une bande en x d'un gris jaunâtre.

Dumeril et Bibron (*Erp. Gen., loc. cit.,* p. 74) donnent au *Testudo pardalis* des œufs « rugueux d'un beau blanc, presque sphériques et de la grosseur d'une bille de billard »; nous les avons constamment vus de forme régulièrement ovoïde et ne dépassaut pas la taille d'un œuf de Pigeon de dimensions ordinaires.

2. TESTUDO GEOMETRICA Lin.

Testudo geometrica Lin., Syst. Nat., I, p. 353.
      —   Dum. et Bib., Erp. Gen., t. II, p. 57.

Les Indigènes n'ont qu'un petit nombre de mots pour désigner les Reptiles, et souvent le même nom s'applique à des espèces différentes, nous croyons néanmoins devoir les noter soigneusement.

De même que pour les Poissons, nos comparaisons ont été faites dans le Laboratoire et les Galeries d'Herpétologie du Muséum; M. le Professeur Vaillant, notre ami le Docteur Sauvage, nous ont continué leur sympathique accueil; nous ne saurions les en remercier trop souvent. Nous sommes heureux également de citer le nom de M. Tomino, Préparateur au Laboratoire, et celui de M. Bocourt, Conservateur des Galeries, dont la bienveillante obligeance ne nous a jamais fait défaut.

Testudo geometrica Gray, Cat. Shield. Rept., 1855, p. 8.
Peltastes geometricus Gray, Supp. Cat. Shield. Rept., 1870, p. 9.
Testudo tentoria Bell., Zool. Journ., III, p. 420. Tab. 23-24.
Peltastes tentoria Gray, Supp. Cat. Shield. Rept., 1870, p. 9.

Ekaga. — Rare. — Habite les mêmes localités que l'espèce précédente, rives de la Gambie, de la Casamence, Mélacorée. Nous ne l'avons jamais observée dans l'Ouest.

C'est à tort, selon nous, que Gray, après avoir réuni dans son catalogue of Schield Reptiles (*loc. cit.*, p. 8), le *Testudo tentoria* au *Testudo geometrica*, l'érige plus tard au rang d'espèce, dans le Supplément à cet ouvrage (*loc. cit.*, p. 9). Certains des caractères qu'il invoque en faveur de cette distinction ne présentent aucune valeur; le « sternum lat or concave » de l'un, « convex » de l'autre, sont simplement des caractères de sexe; quant à la coloration, il ne faut pas en tenir compte vu son excessive variabilité.

Nous avons possédé vivantes les deux prétendues espèces et nous n'hésitons pas à les considérer comme identiques.

3. TESTUDO VERREAUXII Smith.

Testudo Verreauxii Smith., Illustr. Zool. S. Afr. Rept., pl. VIII.
    — *Verroxii* Gray, Cat. Shield. Rept., 1855, p. 8.

Ekaga. — Rare. -- Gambie, Casamence, Albréda, Sedhiou, Mélacorée.

Cette espèce du Sud de l'Afrique, bien distincte de la précédente, remonte jusque dans la basse Sénégambie; nous en possédons un magnifique exemplaire provenant d'Albreda, que nous devons à l'obligeance de notre ami regretté le capitaine Daboville.

4. TESTUDO SULCATA Mill.

Testudo sulcata Mill., On Var. Subj. tab. XXVI. A. B. C.
    —   — Dum. et Bib., Erp. Gen., t. II, p. 74, pl. 13, f. 1.
    —   — Gray, Cat. Shield. Rept., 1855, p. 9.

Testudo calcarata Merr., Tent. Syst. Amph., p. 52.
     —   *radiata Senegalensis* Gray, Syn. Rept., 11.
Peltastes sulcatus Gray, Supp. Cat. Shield. Rept., p. 12.

Bonath. — Commun. — Gandiole, N'Diago, Deny-Dack, Babagaye, Dakar-Bango, Saldé, Podor, Dagana, Kita, Boukarié, Maina; plus rare dans le Sud : Albreda, Bathurst, Mélacorée.

Le *Testudo sulcata* est, de toutes les Tortues Sénégambiennes, la seule dont la forme et la couleur n'éprouvent aucunes variations, quels que soient son âge et sa taille; sa teinte générale est d'un fauve clair, avec des lignes plus foncées, disposées régulièrement sur le pourtour des plaques de la carapace.

Elle se tient d'ordinaire dans les endroits arides et sablonneux, pouvant se soustraire facilement aux recherches, en raison même de sa coûleur peu différente de celle du sol où, pendant le jour, on la trouve immobile. Elle marche avec beaucoup plus de vitesse que la plupart de ses congénères et dépense une quantité énorme de nourriture; les dimensions de sa carapace seule dépassent souvent 0,80 centimètres de long.

Les Nègres la recherchent pour la vendre aux Européens et pour fabriquer des Grigris avec les volumineux tubercules cornés de ses membres antérieurs et postérieurs.

L'aire d'habitat du *Testudo sulcata* s'étend sur presque tout le continent Africain.

Longtemps, cette espèce a été regardée comme habitant simultanément l'Afrique et l'Amérique; tout en paraissant accepter cette manière de voir Dumeril et Bibron avaient cependant formulé, avec raison, certaines réserves : « Ce fait de l'existence de Tortues originaires d'Amérique et d'autres qui sont bien certainement Africaines, disent-ils en effet (*loc. cit.*, p. 79), doit effectivement paraître extraordinaire, attendu que la classe entière des Reptiles n'en présente pas un exemple. *Nous avouons même que, pour y croire,* nous avons besoin qu'il nous soit attesté par une personne aussi recommandable que l'est M. d'Orbigny, *qui a lui-même recueilli en Patagonie,* où l'espèce est fort commune, selon lui, *un jeune Testudo sulcata.* »

L'examen de spécimens authentiques provenant d'Afrique et

d'Amérique, ont permis à Gray de trancher définitivement la question et de démontrer (*P. Z. S. of Lond.*, 1870, p. 707) qu'au lieu d'une espèce unique habitant l'ancien et le nouveau monde, ce qui serait une anomalie « which was an anomaly among the Testudinata », il en existait deux, qu'il fallait placer dans deux genres différents : « to two different subgenera, the one belonging to the old and the other to the new orld. »

Nous n'avons pas à examiner ici le plus ou moins de valeur des deux genres proposés par Gray, non plus que l'opinion de M. Sclater relative au nom de *Chilensis* imposé par Gray au type Américain.

5. TESTUDO MARGINATA Schoep.

Testudo marginata Schoep., t. II, 12, f. 1.
    —   — Gray, Cat. Tort. Brit. Mus., p. 9.
    —   — Dum. et Bib., Erp. Gen., t. II, p. 37.
    — *campanulata* Wall., Chel., p. 124.
Cherseus marginatus Wagl., Syst. p. 138.

Bonath. — Assez rare. — Boukarié, Maina, Podor, Dagana.

Cette espèce indiquée du nord de l'Afrique, d'Algérie, de Grèce, d'Égypte, se rencontre dans la haute Sénégambie, où nous l'avons observée; un très bel exemplaire de Dagana existe dans le Musée des Colonies.

Gen. HOMOPUS Dum. et Bib.

6. HOMOPUS SIGNATUS Dum. et Bib.

Homopus signatus Dum. et Bib., Erp. Gen., t. II, p. 152.
        — Gray, Cat. Shield. Rept., 1855, p. 11 et Supp., p. 13.
Testudo signata Walb. Chenol., p. 120.
    — *denticulata* var. Gm., Syst. Nat., I, 1045.
    — *Cafra* Daud., G. N. Rept., t. II, p. 291.

N'Kounou. — Assez rare. — Gambie, Casamence, Monsor, Maloumb, Gilfré, Macandianbongou, Guettala, Dianoch, M'Boul.

Indiqué comme spécial au Cap et à l'Abyssinie, cet *Homopus* remonte dans la basse Sénégambie et se rencontre également dans la région Nord-Est, d'où plusieurs exemplaires nous sont parvenus par les soins de notre excellent confrère le Dr Colin.

7. HOMOPUS AREOLATUS Dum. et Bib.

Homopus areolatus Dum. et Bib., Erp. Gen., t. II, p. 146.
       —   Gray, Cat. Shield. Rept., 1855, p. 11 et Supp., p. 13.
Testudo areolata Thunb., N. A. Sued., t. VIII, p. 180.
Chersina tetradactyla Less., Bell. Sci., XXV, p. 119.
Le Vermillon Lacep., Quad. Ovip., t. I, p. 166.

N'Kounou. — Assez rare. — Maloumb, Kaour, Gourba, Cagnac-Cay, Ile aux Éléphants, Gilfré.

Cette espèce, également indiquée dans l'Afrique Sud et au Cap de Bonne-Espérance, habite, comme sa congénère, la basse Sénégambie, mais elle ne s'observe pas dans le Nord-Est. Dumeril et Bibron (*loc. cit.*, p. 151) l'indiquent de Madagascar.

La coloration des très jeunes individus diffère peu de celle des adultes; les teintes sont ordinairement plus pâles et le centre déprimé des plaques de la carapace est d'un rouge laque, au lieu du brun marron des sujets plus âgés.

Gen. KINIXYS Bell.

8. KINIXYS BELLIANA Gray.

Kinixys Belliana Gray, Syn. Rept., p. 69.
     —   —   Gray, Cat. Shield. Rept., 1855, p. 13 et Supp., p. 13.
     —   *Schoensis* Rüpp., Mus. Senck., III, p. 226, t. XVI.
Cinixys Belliana Dum. et Bib., Erp. Gen., t. II, p. 168.

N'Kounou. — Assez commun. — Gambie, Casamence, Mélacorée, Dianoch, Gourba, Kaour.

Le *Kinixys Belliana* est indiqué par Gray (*loc. cit.*) dans l'Afrique Est et Ouest ainsi qu'en Gambie.

9. KINIXYS EROSA Gray.

Kinixys erosa Gray, Syn. Rept., p. 16.
      —   Gray, Cat. Shield. Rept., 1855, p. 13 et Supp., p. 14.
Cinixys erosa Dum. et Bib., Erp. Gen., t. II, p. 165.
Testudo erosa Schn., Arch. Kœnigsb., I, p. 321.

N'Kounou. — Assez commun. — Mêmes localités que l'espèce précédente.

Cette curieuse espèce, dit M. Cope (*Pr. Ac. N. S. Philad.*, 1859, p. 294), commune au Gabon, sur la rivière Camma et dans l'Ogooué, s'étend vers le Nord du côté de la Gambie; cette dernière région lui est également assignée par Gray (*loc. cit.*).

10. KINIXYS HOMEANA Bell.

Kinixys Homeana Bell., Trans. Lin. Soc. of Lond. XV, p. 400, pl. XVII, f. 2.
      —   Gray, Cat. Shield. Rept., 1855, p. 13 et Supp. p. 14.
Cinixys Homeana Dum. et Bib., Erp. Gen., t. II, p. 161, pl. XIV, fig. 2.

N'Kounou. — Assez commun. — Gambie, Casamence, Mélacorée; remonte jusqu'à Joalles et Rufisque, où nous l'avons recueilli.

Gray (*loc. cit.*, 1855) mentionne le *Kinixys Belliana* comme naturalisé au Mexique et à la Guadeloupe; le *Kinixys Homeana*, aurait été également introduit à la Guadeloupe et à Demerari. En considérant ces deux espèces comme Américaines, Dumeril et Bibron avaient été certainement induits en erreur par l'affirmation de Gray qui, dans le principe, leur attribuait la même origine.

2

« Des exemplaires de ces espèces, disent Dumeril et Bibron (*loc. cit.*, p. 165), ont été envoyés vivants de la Guadeloupe par M. Lherminier, au Muséum d'Histoire Naturelle, où ils sont morts peu de temps après leur arrivée. Comme aucun renseignement n'était joint à leur envoi, nous ignorons s'ils étaient bien originaires de cette île. Dans tous les cas, on a tout lieu de croire que ces espèces sont Américaines, car M. Gray nous a assuré que les carapaces, que possède le Musée Britannique, lui ont été adressées de Demerari et de la Guyane Anglaise. »

Gray, revenant en 1870 (*P. Z. S. of Lond.* p. 707) sur sa première opinion, rapporte que ces espèces : « is not even colonised much less naturalised, in that country (Guadeloupe et Demarara); but it is probable that some of the Negroes who are found of living animals may have taken them with them. »

Fam. **EMYDIDÆ** Gray.

Gen. **CLEMMYS** Wagl.

11. CLEMMYS LATICEPS Strauch.

Clemmys laticeps Strauch, Mem. Ac. Sc. St-Petersb., t. VIII, 7e ser., p. 75, 1865.
Emys laticeps Gray, Cat. Shield. Rept., 1855, p. 23.
Eryma laticeps Gray, Supp. Cat. Shield. Rept., 1870, p. 45.

Ogombé. — Assez commun. — Gambie, Casamence, Dianoch, Maka, Ghimberinghe, Wagran, Gilfré, environs d'Albreda, Samatite, Cagnout.

Selon Gray, l'espèce se rencontrerait au Nord et à l'Ouest de l'Afrique; nous ne l'avons jamais observée que dans la basse Sénégambie, où elle habite les marigots; pendant le jour elle se tient immobile sur les berges, se laissant tomber à l'eau au moindre bruit; c'est seulement la nuit qu'elle se livre à toute son activité, nageant à peu de profondeur ou marchant sur la vase à la recherche des petits animaux dont elle fait sa principale nourriture.

Fam. **CHELYDIDÆ** Gray.

Gen **STERNOTHÆRUS** Bell.

12. STERNOTHÆRUS NIGER Dum. et Bib.

Sternothærus niger Dum. et Bib., Erp. Gen., t. II, p. 397.
  —   Gray, Cat. Shield. Rept., 1855, p. 51.
  —   Strauch, Mem. Ac. Sc. St-Petersb., 1865, p. 108.

Ogombé. -- Commun. — Marigots de Khara, Khouma, Safal, Leybar, Diouk, Babaghay, Richard-Toll.

Jusqu'ici, cette espèce est citée comme propre à Madagascar;
c'est une des plus communes de la Sénégambie.

13. STERNOTHÆRUS NIGRICANS Donndorft.

Sternothærus nigricans Donndorft, Zool. Beitr., III, p. 34.
  —   —   Dum. et Bib., Erp. Gen., t. II, p. 399.
  —   *subniger* Gray, Cat. Shield. Rept., 1855, p. 51.
Testudo subnigra Latr., Hist. Nat. Rept., t. I, p. 89, f. 1.
Terrapene nigricans Merr., Tent. Syst. Amph., p. 28, sp. 28.
La Tortue Noirâtre Lacep., Quad. Ov., t. I, p. 175, pl. XIII.

Ogombé. — Commun. -- Habite les mêmes localités que l'espèce
précédente.

Comme son congénère, le *Sternothærus nigricans* est indiqué, à
tort, comme spécial à Madagascar.

14. STERNOTHÆRUS CASTANEUS Gray.

Sternothærus castaneus Gray, Synop. Rept., p. 38.
  —   —   Dum. et Bib., Erp. Gen., t. II, p. 401.

Sternothærus castaneus Strauch, Mem. Ac. Sc. St-Petersb., 1865,
p. 108.
— *Leachianus* Bell., Zool. Journ., t. II, p. 306.
Emys castanea Schweig, Prodr. Monogr. Chelon., p. 45.

Ogombé. — Assez commun. — Gambie, Casamence, Mélacorée,
Khasa, Ile aux Chiens, Marigot aux Huîtres, Samatite, rivière Kounakeri, Safal, Kouma, Leybar.

La manière de voir de M. Cope relativement à cette espèce (*Proced.
Ac. N. Sc. Philad.*, 1859, p. 294), manière de voir partagée du reste
par des Herpétologistes d'un mérite indiscutable, nous paraît la
seule admissible. L'étude d'un certain nombre de spécimens
fournit, en effet, des caractères distinctifs concluants, et démontre
combien est peu fondée l'opinion de Gray, dont les diverses
notices, remplies d'hésitations et de contradictions, sont la preuve
de son ignorance complète du genre *Sternothærus* et de bien
d'autres; nous aurons souvent l'occasion de signaler des faits à
l'appui.

15. STERNOTHÆRUS SINUATUS Smith.

Sternothærus sinuatus Smith, Illustr. Zool. S. Afr., Rept., pl. I.
— Strauch, Mem. Ac. Sc. St.-Petersb. 1865, p. 109.
— Gray, Supp. Cat. Shield., Rept., 1870, p. 79.

Ogombé. — Rare. — Gambie, Casamence, Mélacorée, Dianoch,
Maka, Albreda, Kaour.

16. STERNOTHÆRUS DERBIANUS Gray.

Sternothærus Derbianus Gray, Cat. Tort. Crocod. and Amphib., p. 37.
— Gray, Cat. Shield., Rept., p. 52.
— Strauch, Mem. Ac. Sc. St-Petersb., 1865,
p. 109.
— Cope, P. Ac. N. Sc. Philad., 1859, p. 294.
— Peters., M. B. Ak., Berlin, 1877, p. 117.

Ogombé. — Peu commun. — Mêmes localités que le *Sternothærus sinuatus.*

Malgré les liens étroits qui semblent unir ces deux espèces, il est cependant facile de les différencier, et nous nous rangeons à l'opinion de M. Cope et de Peters (*loc. cit.*); comme le fait observer également M. Cope, les mœurs des deux espèces ne se ressemblent en aucune façon; le *Sternothærus sinuatus* se plaît dans les endroits les plus profonds des marigots, rarement il se rend à terre, et se laisse souvent flotter immobile à la surface de l'eau; le *Sternothærus Derbianus,* au contraire, habite les marécages et les flaques d'eau herbeuses au milieu des Palétuviers.

17. STERNOTHÆRUS ADANSONI A. Dum.

Sthernothærus Adansoni A. Dum. Cat. Meth. Rept., p. 19.
        —   A. Dum. Arch. Mus., t. VI, p. 243.
        —   Gray, Cat. Shield. Rept., 1855, p. 52 et
                     Supp., 1870, p. 80.
Emys Adansonii Schweig., Prodr. Monog. Chelon., p. 39.

Ogombé. — Commun. — Makandianbougou, Guelli, Matam, Kita, Podor, Bakel, Saldé, Leybar, Thionk, Diouk, Merinaghem, Kouma, N'Bilor, Khasa, Damarkour, Samone; Gadieba, Gambie, Casamence; archipel du Cap-Vert où Gray l'indique; nous en possédons un exemplaire de Santiago.

Les espèces composant le genre *Sternothærus,* soit qu'on les accepte comme nous venons de les établir avec Strauch (*loc. cit.*), soit qu'on en réduise le nombre suivant le système, selon nous, erroné de Gray, ne sont, en aucune façon, localisées à telle ou telle place sur le continent Africain, comme on l'a prétendu jusqu'ici.

On vient de voir que le *Sternothærus Adansoni* est le seul dont l'aire d'extension occupe le plus vaste espace, puisqu'on l'observe en Égypte, au Cap, dans le haut Sénégal, en Gambie et à l'archipel du Cap-Vert; le *Sternothærus Derbianus,* confondu par quelques-uns avec le *Sternothærus sinuatus,* appartiendrait seulement à la Gambie, tandis que ce dernier serait spécial au Cap ; les *Sternothærus niger, nigricans* et *castaneus* auraient pour habitat unique Madagascar.

Les nombreux exemplaires, que nous avons recueillis et minutieusement comparés, nous ont péremptoirement démontré que tous ces types, indistinctement, vivent dans les fleuves et les marigots de la Sénégambie, et nous sommes convaincu que, par suite des recherches ultérieures, leur présence sera constatée sur une foule d'autres points du continent. Il en est incontestablement de même des espèces du genre *Pelomedusa* que nous allons examiner.

Gen. **PELOMEDUSA** Wagl.

18. PELOMEDUSA GEHAFIÆ Gray.

Pelomedusa Gehafiæ Gray, Cat. Tort. Brit. Mus., p. 38.
Pentonyx Gehafie Rüpp., Neue. Wirb. Z. Faun. Abyss., p. 2, tab. I.
    —   A. Dum., Cat. Meth. Rept., p. 18.
    —   Strauch, Mem. Ac. Sc., St-Petersb., 1865, p. 113.

Ogombé. — Commun. — Kita, Makhana, Matam, M'Boul, Podor, N'Guer, Saldé, Leybar, Thionk, Samone.

Cette espèce découverte pour la première fois par Rüppel en Abyssinie, retrouvée au Sennaar par Peters, ne nous est pas connue dans la région Sénégambicnne dite du bas de la côte ; commune dans le haut pays, elle ne nous paraît pas descendre plus loin que la pointe du Cap-Vert.

19. PELOMEDUSA GALEATA Wagl.

Pelomedusa galeata Wagl., Nat. Syst. Amph., p. 136, t. II, f. 36-37.
    —   Strauch, Mem. Ac. Sc. St-Petersb., 1865, p. 111.
Testudo galeata Schœp., Hist. Testud., p. 12, t. III, f. 1.
Pelomedusa subrufa Gray, Cat. Shield. Rept., 1855, p. 53.
    —   *nigra* Gray, Ann. and Mag. Nat. Hist., t. XII, p. 99.

Pentonyx Capensis Dum. et Bib., Erp. Gen., t. II, p. 390, pl. XIX, f. 2.
Hydraspis galeata Sowerb. et Lear, Tort. Terrap. and Turtles, 1872,
p. 10, t. XLIX et IV.

Ogombé. — Commun. — Leybar, Thionk, Gandiole, Gambie, Casamence, Mélacorée, Albreda, Sedhiou.

D'après les auteurs que nous avons consulté, cette espèce
paraît s'étendre sur tout le continent Africain.

20. PELOMEDUSA GABONENSIS Strauch.

Pelomedusa Gabonensis Strauch, Mem. Ac. Sc. St-Petersb., 1865,
p. 113.
Pentonyx Gabonensis A. Dum., Rev. et Mag. Zool., 1856, p. 373.
— A. Dum., Arch. Mus., t. X, p. 164, pl. XIII,
f. 2. 2. a.

Ogombé. — Assez commun. — Gambie, Casamence, Mélacorée, Ile
aux Chiens, Albreda, Bathurst.

Le type de A. Dumeril provenait du Gabon.

Dans un travail sur le genre *Sternothærus* (*P. Z. S. of Lond.*,
1863, p. 194.), Gray place le *Pelomedusa* (*Pentonyx*) *Gabonensis*
en synonymie du *Sternothærus Derbianus.*

« Je pense, dit-il, qu'il n'est pas douteux que le spécimen
envoyé du Gabon au Muséum de Paris par M. Aubry-Lecomte, et
que A. Dumeril, dans un mémoire fait à la hâte, incomplet et
des plus inexacts, *in his very hasty and very incomplete and
inaccurate paper on the Reptiles of Western Africa*, a décrit et
figuré sous le nom de *Pentonyx Gabonensis,* est tout simplement
un jeune de *Sternothærus Derbianus;* il est en outre surprenant
qu'un Herpétologiste comme A. Dumeril, *disposant de matériaux
d'étude, d'une richesse exceptionnelle, n'ait pas su reconnaître* que
son espèce, *à cause même de la largeur du sternum,* ne pouvait
appartenir au genre *Pentonyx.* »

Le jugement peu courtois, pour ne pas dire plus, porté par
Gray sur les travaux de A. Dumeril, n'a pas lieu d'étonner; on
sait que certains savants Anglais ont assez l'habitude d'envenimer
leur plume, quand il s'agit de leurs confrères de France et nous

en avons déjà cité un exemple frappant en traitant des Oiseaux de la Sénégambie (p. 123), aussi n'insisterons-nous pas ; mais il est utile de faire remarquer : que si l'*illustre* Gray eût étudié moins superficiellement *very hasty,* la description et la figure *incomplete and inaccurate* du peu *scrupuleux* A. Dumeril, il se serait peut-être aperçu qu'il donnait une bien faible preuve de son savoir, en ne sachant pas reconnaître que le caractère différentiel des genres *Stenothærus* et *Pelomedusa* ne réside pas dans le *plus ou moins de largeur du plastron,* mais bien dans la *mobilité* ou l'*immobilité absolue* de cet organe, et peut-être alors aurait-il vu que le plastron du *Pelomedusa Gabonensis* est immobile.

Bien longtemps avant nous, Strauch avait fait justice des allégations de Gray, en démontrant l'exactitude des renseignements fournis par A. Dumeril ; il n'est pas sans intérêt de reproduire textuellement ce passage auquel nous faisons allusion.

« Gray behauptet, écrit Strauch (*loc. cit.,* p. 107), nämlich, dass die *Pelomedusa (Pentonyx) Gabonensis,* die A. Dumeril in den Archives du Museum abgebildet hat, und die sich von ihren Gattungsgenossen durch einen breiten Brustschild auszeichnet, der Jungendzustand seines *Sternothærus Derbianus* sei. Als Grund dafür führt er nur den breitern Brustschild an, vergisst dabei aber, wie es scheint, dass das differenzielle Merkmal der Gattungen *Sternothærus* und *Pelomedusa* nicht in der Breite des Brustschildes liegt, sondern in der Berveglichkeit des vorderen Sternallappens, die nur bei der ersteren Gattung vorkommt, und von der weder in der von A. Dumeril gegebenen *vortrefflichen Abbildung* etwas zu sehen, noch auch in der Beschreibung etwas zu lesen ist. »

Récemment la manière de voir de Gray a été soutenue par un Naturaliste Français attaché au British Museum ; « en 1860, dit M. G. A. Boulenger (*Sur l'existence d'une seule espèce du genre Pelomedusa, Bull. Soc. Zool. France,* 1880, V[e] vol., p. 146), A. Dumeril décrivit une *prétendue* espèce nouvelle, le *Pelomedusa Gabonensis,* mais qui n'est autre qu'un *Sternothærus, probablement* le *Derbianus* de Gray. »

Le libellé même de ce paragraphe montre suffisamment que M. G. A. Boulenger s'est borné à copier Gray et qu'il ne connaît nullement l'espèce de A. Dumeril.

Quoi qu'il en soit, après avoir considéré comme un devoir, de défendre un de nos Maîtres injustement accusé, après avoir établi que le type de A. Dumeril appartient bien positivement au genre *Pelomedusa* et non pas au genre *Sternothærus,* nous nous croyons en droit d'affirmer que ce type était adulte et complètement distinct de ses congénères.

Les exemplaires du *Pelomedusa Gabonensis,* que nous avons observés et recueillis en Sénégambie, répondent exactement aux descriptions de A. Dumeril, auxquelles nous renvoyons (*Rev. et Mag. de Zoologie et Arch. du Museum, loc. cit.*); abstraction faite des caractères invoqués, il faut tenir compte des rugosités « de toute la carapace », rugosités n'indiquant, en aucune façon, un état jeune, car elles se montrent chez tous les sujets, même les plus âgés, et servent par conséquent à le différencier des autres espèces du genre ; sa petite taille n'implique en rien non plus une croissance incomplète, l'espèce suivante que nous proposons comme nouvelle, établie sur un individu adulte et vieux, va pouvoir, nous l'espérons, confirmer cette assertion.

21. PELOMEDUSA GASCONI Rochbr.

(Pl. I, fig. 1, 2.)

Pelomedusa Gasconi Rochbr., Mss., 1881.

P. — CORTEX OVATO ROTUNDATUS, COMPLANATUS; SQUAMIS LINEIS RADIANTIBUS, SUBRUGOSIS, ORNATIS, MEDIANIBUS OBTUSE TUBERCULATO CARINATIS, LUTEO OLIVACEIS, FULVO CIRCUMDATIS; STERNUM SUBPLANUM, SORDIDE LUTEUM, SQUAMIS REGULARITER ET QUADRATIM LINEIS FULVIS INSTRUCTIS; SCUTELLÆ GULARES PARVISSIMÆ, TRIANGULARES; SCUTELLA INTERGULARIS ANGUSTA, ELONGATA, HASTÆFORMIS.

Carapace régulièrement ovale arrondie, presque aussi large en bas qu'en haut, très comprimée, à écailles ornées de légères stries finement granuleuses rayonnant du centre aux angles des écailles ; les cinq vertébrales portant au milieu une côte obtuse un peu tuberculeuse à la base de chaque écaille et simulant une carène large et peu saillante; écailles marginales quadrangulaires, minces et tranchantes à leur bord libre; coloration générale d'un fauve cannelle, tirant faiblement sur le brun, chaque écaille entourée d'une petite bande d'un brun fauve; sternum plan, à écaille intergulaire étroite, allongée, en fer de lance, les gulaires petites en triangle isocèle; les fémorales et surtout les anales brusquement rétrécies, les dernières très étroites; tout le plastron d'un jaune cannelle, à écailles régulièrement ornées de lignes brunes, espacées; membres d'un jaune pâle teintés par place de rouge groseille, cou brunâtre en dessus, linéolé en côté de petites bandes brun foncé et rouge; tête marbrée des mêmes teintes; iris rouge vermillon.

Longueur totale de la carapace....................	0m105
Largeur au milieu.............................	0 090
— en avant.................................	0 080
— en arrière.............................	0 081
Épaisseur moyenne...........................	0 020

Ogombé. — Peu commun. — Dagana, Saldé, lac de N'Guer, marigot des Maringouins.

Nous devons la connaissance de ce type remarquable à M. Gasconi, député du Sénégal; nous sommes heureux de le lui dédier en témoignage de notre reconnaissance et de notre affectueux dévouement, pour la bienveillante amitié dont il nous a toujours honoré.

M. Sclater (*P. Z. S. of Lond.*, 1871, p. 325) décrit une carapace et figure le sternum d'un *Pelomedusa*, rapporté du haut Zambèse par M. Chapman; cette espèce, qu'il ne nomme pas, est de tous les *Pelomedusa* connus celle qui se rapproche le plus de la nôtre; le *Pelomedusa Gasconi* s'en distingue cependant, surtout par la forme générale du plastron, une ornementation différente des lignes de chaque écaille, par une plus grande étroitesse des plaques fémorales, la petitesse des anales, leur écartement beaucoup plus aigu, par la même petitesse des plaques gulaires et la forme allongée et en fer de lance de l'intergulaire.

M. G. A. Boulenger, dont nous avons déjà cité le mémoire, ne reconnaît qu'une seule espèce dans le genre *Pelomedusa*, et il s'appuie, pour le démontrer, sur certaines particularités du plastron.

« Si la forme de certaines plaques du plastron, telles que les *pectorales* et les *humérales*, dit-il (*loc. cit.*, p. 148), ne subit aucune

modification avec l'âge, il n'en est pas de même entre les individus qui représentent toutes les formes intermédiaires entre les
Pelomedusa galeata et *Gehafix*. Chez le *Pelomedusa galeata*, les
plaques pectorales sont unies par une longue suture, tandis que,
chez le *Pelomedusa Gehafix*, ces plaques sont subtriangulaires et
séparées l'une de l'autre. »

Les sept plastrons figurés par M. G. A. Boulenger (*de a, à g,
p. 148 à 150, loc. cit.*) sont tous identiquement semblables, seules
les plaques pectorales et humérales sont plus ou moins développées, plus ou moins séparées, relativement les unes aux autres,
ce sont là ses formes intermédiaires.

Ces variations, preuves démonstratives uniques pour M. G. A.
Boulenger de l'unification des espèces du genre *Pelomedusa*, ont-
elles la valeur qu'il s'efforce de leur donner ?

Aucun Herpétologiste, que nous sachions, tout en notant dans
ses diagnoses, la disposition de ces plaques, n'a prétendu leur
attribuer un caractère spécifique *fixe* et *fondamental*.

Les observations de M. G. A. Boulenger sont certainement des
plus intéressantes, mais les conséquences qui, selon lui, en décou-
lent, nous paraissent erronées, malgré son affirmation confirmée,
écrit-il (*loc. cit.*, p. 147), par une lettre du Naturaliste Prussien
Peters, en date du 11 avril 1880.

Nous avons vu et étudié un nombre de *Pelomedusa* égal,
sinon de beaucoup supérieur, à celui indiqué dans le mémoire de
M. G. A. Boulenger (40 spécimens), et quand nous avons cherché
les caractères différentiels des deux espèces incriminées, laissant
de côté les plaques pectorales et humérales, nous les avons trouvées : dans la forme générale de la carapace et du plastron, dans
la forme et la disposition des plaques gulaires et intergulaires,
dont personne n'a encore nié l'importance toute exceptionnelle ;
or, les figures de M. G. A. Boulenger représentant sept plastrons
avec plaques gulaires et intergulaires, calquées sur un même
type, il s'ensuit que ces figures sont évidemment entachées
d'inexactitude.

Si, en effet, on examine une quantité donnée d'individus des
deux espèces adultes et du même sexe, on reconnaît les différences
suivantes :

Chez le *Pelomedusa Geafix*, la carapace est régulièrement ovale
dans son pourtour, sa surface supérieure s'incurve en arc de

cercle ; le plastron, rétréci dans la région supérieure, se dilate brusquement au niveau des plaques pectorales et abdominales, pour se rétrécir de nouveau en suivant deux lignes fortement obliques à partir des fémorales; l'angle d'écartement des deux anales affecte une disposition largement obtuse; les deux plaques gulaires, étroites, allongées en triangle isocèle, accompagnent dans toute sa longueur la plaque intergulaire, très étroite, en forme de coin.

Chez le *Pelomedusa Galeata,* au contraire, la carapace est ovale, oblongue, rectiligne sur les côtés et arrondie aux deux extrémités, l'antérieure bien plus étroite que la postérieure; sa surface supérieure faiblement courbée au centre s'incline en pente de chaque côté; le plastron est large en avant, faiblement rétréci en bas, les côtés libres, les plaques fémorales et anales sont dirigées parallèlement, les plaques anales s'écartent suivant un angle aigu ; les plaques gulaires sont étroites, courtes, spiniformes, ne dépassant pas la moitié de la longueur de la plaque intergulaire, celle-ci large, quadrangulaire dans sa première moitié, affecte, dans sa moitié inférieure, la forme d'une pyramide obtuse.

Cette discussion suffit à démontrer que, contrairement aux idées de M. G. A. Boulenger, les espèces classées dans le genre *Pelomedusa* et acceptées par les Herpétologistes qui l'ont précédé, méritent d'être maintenues.

TRIONICYDÆI C. Bp.

Fam. CHITRADÆ Gray.

Gen. HEPTATHYRA Cope.

22. HEPTATHYRA AUBRYI Cope.

(Pl. II, fig. 1, 2.)

Heptathyra Aubryi Cope, Ac. N. Sc. Philad., 1859, p. 296.
Cryptopus Aubryi A. Dum., Rev. Zool., 1856, p. 374, tab. XX.
Cycloderma Aubryi Peters, M. B. Ak. Berlin, 1877, p. 117, taj. II,
fig. 1-2.

Latanajh. — Assez rare. — Gambie, Casamence, Kaour, Dianoch, marigot de Ghimberinghe, Albréda, Samone, Kounakéri

Découverte pour la première fois au Gabon par M. Aubry Lecomte, cette espèce habite plus particulièrement la basse Sénégambie; c'est exceptionnellement qu'elle se rencontre vers l'Ouest.

Nous ne savons si, au Gabon, « elle est recherchée comme fournissant un aliment très délicat réservé pour les Chefs de tribus », ainsi que le dit A. Dumeril (*loc. cit.*, p. 377), mais en Sénégambie, rien de semblable ne se passe; les Nègres, Chefs ou sujets, la mangent rarement et ils la recherchent, comme toutes les autres Tortues d'eau douce, pour la vendre aux Européens. Sa chair offre des qualités supérieures à celles des Tortues de terre, fait déjà signalé par Adanson (*Cours H. N.* éd. *Payer*, vol. II, p. 27. 1845.)

Peters (*loc. cit.*) a le premier fait connaître le jeune de l'*Heptathyra Aubryi;* sa coloration, entièrement différente de celle de l'adulte, offre quelques particularités qui ont échappé à l'auteur que nous venons de citer.

La teinte générale est d'un jaune orangé, parsemé de taches nuageuses d'un ton verdâtre, la carapace est régulièrement ornée de lignes granuleuses concentriques d'un brun rouge; au centre, une ligne brune règne sur une partie de sa longueur. Cette ligne est accompagnée, de chaque côté, d'une série de fortes granulations de même couleur; elle est, en outre, limitée en avant par une plaque granuleuse ovoïde; la tête et le cou sont également jaune orangé, deux lignes fauves partant des yeux règnent en dessus sur les côtés du cou; une troisième ligne un peu plus courte s'étend entre les deux précédentes, et deux autres petites descendent en arrière des yeux; le centre des pattes, violacé et marbré de brun, est encadré par le jaune de leur pourtour; en dessous, la teinte est jaune pâle nuagé de brun, par places.

Chez l'adulte, le disque est d'un brun violet, parsemé de petits points et de taches irrégulières noires; le limbe, d'un brun pâle, est finement réticulé de noir; les pattes, la tête et le cou sont d'un vert olivâtre sale, les lignes du cou, disposées comme dans le jeune, sont noires et onduleuses.

23. HEPTATHYRA FRENATA Cope.

Heptathyra frenata Cope, P. Ac. N. S. Philad., 1859, p. 296.
Cyclanosteus frenatus Gray, Cat. Shield. Rept., 1855, p. 61.
Cycloderma frenatum Peters., Nat. Reise N. Mozambique, 1882, p. 14,
taj. I, III.
Aspidochelys Livingstoni Gray, P. Z. S. of Lond., 1860, p. 5, pl. XXII,
fig. 12.

Latanajh. — Assez rare. — Gambie, Casamence, Mélacorée,
Dianoch, Matam, Khorkhol, Leybar, Diouk, Thionk.

L'aire d'habitat de cette espèce est plus étendu que celui de
l'*Heptathyra Aubryi;* observée en Mozambique et au Zambèse,
par Livingston et Peters; elle se rencontre dans presque toute la
région Sénégambienne.

Gray, dans un mémoire sur les *Trionichidæ* (*P. Z. S. of London,* 1864, page 94), considère les *Heptathyra Aubryi* et *frenata* comme très probablement identiques à cause de la simi-
litude des lignes de la tête : « The similarity of the bands on the
head shows that the *Cyclanosteus frenatus* of Peters and the
Cyclanosteus Aubryi of Dumeril most probably belong to the
same species. »

Plus tard, Gray (*Supp. Cat Shield Rept.,* 1870, p. 93) maintient
cette opinion, et, de plus, il ajoute que les différences dans la
forme des callosités du sternum, des deux espèces figurées,
dépendent de l'âge ou de particularités individuelles : « The
difference in the form of callosities may depend on the age or
the individual peculiarities of the two specimen figured. »

Il est évident que, cette fois encore, Gray s'est complètement
mépris sur la caractéristique des deux espèces; reproduire ici
leurs diagnoses différentielles, nous entraînerait à des longueurs
inutiles; nous renvoyons à l'examen des figures et des descriptions
de A. Dumeril, de Peters, de Gray lui-même, et la comparaison
la plus superficielle suffira pour démontrer la fausseté des allégations du Naturaliste Anglais.

D'autre part, l'étude des spécimens vivants et adultes nous a permis de voir combien les deux *Heptathyra* diffèrent entre eux, précisément par la disposition de leurs plaques sternales, par leur forme générale et par leur coloration.

Quant aux lignes du cou *et non pas de la tête* (head), fussent-elles semblables chez les deux espèces, *ce qui est inexact!*, ne serait-il pas puéril de les invoquer comme seules capables d'autoriser la réunion des deux espèces?

Fam. **TRIONICYDÆ** C. Bp.

Gen. **GYMNOPUS** Dum. et Bib.

24. GYMNOPUS ÆGYPTIACUS Dum. et Bib.

(Pl. III, fig. 1-2.)

Gymnopus Ægyptiacus Dum. et Bib., Erp. Gen., t. II, p. 484.
Trionyx Ægyptiacus Geoff., Ann. Mus., XIV, p. 12; pl. I-II.
  — *Niloticus* Gray, Cat. Shield. Rept., 1855, p. 68.
  — *labiatus* Bell, Monogr. Testud.
Testudo triunguis Forsk., Descr. Anim., p. 9.
Aspidonectes Ægyptiacus Wagl., Nat. Syst. Amph., p. 46.
Le Tyrse Cuv., R. An., t., II, p. 15.
Tyrse Nilotica Gray, Cat. Tort. Brit. Mus., p. 48.
Fordia Africana Gray, P. Z. S. of Lond., 1869, p. 119.

Lel. — Commun. — Safal, Khasa, Babagaye, Leybar, Thionk, Diouk, Kouma, N'Bilor, Gahé, Saldé, Dagana, Albréda, Ghimberinghe, Cagnout, Samatite, Maloumb, Mélacorée.

Le *Gymnopus Ægyptiacus* habite tous les cours d'eau du continent Africain.

Comme chez presque toutes les Tortues d'eau douce, les teintes de l'adulte diffèrent considérablement de celles des jeunes individus.

Le disque de la carapace des sujets adultes, d'un brun verdâtre, est couvert de vermiculations assez régulièrement disposées dans le sens longitudinal, d'un jaune paille des plus accusés ; le limbe et toutes les autres parties du corps sont d'un vert olivâtre nuagé de jaune pâle et piqueté de petites taches arrondies d'un bleu clair.

Les jeunes sujets offrent une coloration des plus remarquables : la teinte générale est d'un vert olivâtre, un peu moins foncé que chez les sujets adultes, et sur toutes les régions supérieures, y compris le cou et les pattes, existent de larges ocelles d'un beau bleu clair, entourés d'un cercle orangé ; de tous petits points, d'un blanc éclatant, sont dispersés entre les ocelles. Le disque n'est indiqué que par de légères granulations brunâtres disposées dans le sens longitudinal.

Le genre *Fordia* créé par *Gray* en 1869 (*P. Z. S. of Lond.*, p. 212) pour une prétendue variété de *Gymnopus Ægyptiacus* (*Tyrse Nilotica* var.), publiée en 1864 (*P. Z. S. of Lond.*, p. 88), est établi sur de si faibles caractères, qu'il ne nous semble pas devoir être accepté. Nous pourrions objecter, en faveur de cette manière de voir, la description d'un jeune individu rapporté par l'auteur à son *Fordia Africana,* à très peu près semblable au jeune *Gymnopus Ægyptiacus* précédemment examiné ; la description suivante de Gray, en facilitant les comparaisons, permettra de juger.

« The head, neck, feet and dorsal disk covered with close, small Darck-edged, annular white spots, those on the sides of the head and especially on the chin and throat, being rather the largest. »

25. GYMNOPUS ASPILUS Rochbr.

Gymnopus aspilus Rochbr., Mss., 1876.
Aspidonectes aspilus Cope, P. Ac. N. Sc. Philad., 1859, p. 295.

Loï. — Assez commun. — Gambie, Casamence, Mélacorée, Samatite, Cagnout ; plus rare dans l'Ouest, Diouk, Leybar.

L'*Aspidonectes aspilus,* décrit par Cope d'après un spécimen provenant de la rivière Ovenga, tribulaire du Fernando-Vas, n'a pas attiré l'attention des Herpétologistes et paraît être considéré,

comme un individu de grande taille du *Gymnopus Ægyptiacus*.
Ayant pu étudier des *Gymnopus* du Gabon et de la Sénégambie,
de dimensions relativement considérables, nous avons acquis la
certitude que l'espèce de Cope devait être distinguée et qu'elle
habitait les fleuves de la Sénégambie, comme le *Gymnopus*
Ægyptiacus.

Chez le *Gymnopus aspilus,* la tête est large, massive, courte, à
lèvres épaisses et tuméfiées, tandis qu'elle est étroite, allongée,
à lèvres larges, minces et comme membraneuses chez le *Gymno-*
pus Ægyptiacus; la carapace de celui-ci est ovale, arrondie à
vermiculations régulières, concentriques et faiblement rugueuses,
celle du premier est ovale, allongée, à vermiculations plus profondes et irrégulièrement distribuées. Les callosités sternales diffèrent sous plusieurs rapports; les deux xiphisternales du *Gymnopus*
aspilus, séparées par un espace considérable, affectent une forme
quadrangulaire; les bords supérieur et externe, rectilignes, se
coupent à angle droit; le bord interne très développé est légèrement creusé en demi-cercle, le bord inférieur étroit, cintré dans
sa première moitié, s'élargit dans la seconde, en décrivant une
courbe profondément onduleuse; la surface est creusée de rugosités très saillantes, irrégulières et divisée dans son plus grand
diamètre par une ligne médiane tuberculeuse. Les callosités
hyposternales quadrangulaires, séparées des xiphisternales sur
une étendue assez grande, sont également séparées l'une de
l'autre, dans toute leur longueur; le bord supérieur excavé au
milieu, s'unit au bord interne par une courbe continue et
régulière, le bord externe incliné obliquement, s'incurve vers
l'extrémité inférieure, large et obtuse.

Un espace restreint sépare, dans le *Gymnopus Ægyptiacus,*
les xiphisternales quadrangulaires, étroites, à bords supérieurs
concaves, à bords externes obliques de dedans en dehors et
prolongés en pointe obtuse; presque en contact avec les xiphisternales, par leurs bords supérieurs, à peine creusés au centre,
les callosités hyposternales, en forme de pyramide quadrangulaire, à bords internes inclinés sous un angle très obtus, se
trouvent intimement unies au niveau de cet angle, et s'écartent
obliquement à partir de ce point, laissant entre elles un espace
étroit et longuement triangulaire, l'extrémité inférieure est
subaiguë.

Les mensurations suivantes, prises sur deux sujets adultes et de même taille, appartenant aux deux types, complèteront ces données (1).

DÉSIGNATION DES MESURES	G. ÆGYPTIACUS	G. ASPILUS
Longueur totale du bout du museau à l'extrémité de la queue	1,150	1,150
Longueur de la tête	»	»
Largeur de la tête	0,067	0,111
Longueur de la carapace	0,400	0,450
Largeur moyenne de la carapace	0,400	0,430
Longueur du limbe en arrière de la carapace	0,230	0,280
Largeur de la callosité xiphisternale	0,200	0,224
Hauteur moyenne xiphisternale	0,131	0,157
Largeur de la callosité hyposternale	0,140	0,175
Hauteur moyenne hyposternale	0,084	0,089
Écartement des callosités xiphisternales en haut	0,060	0,102
— — en bas	0,017	0,030
Écartement des callosités hyposternales au sommet	»	0,010
— — à la pointe	0,015	0,025
Longueur des ongles	0,017	0,034
Épaisseur moyenne des ongles	0,010	0,004

Il faut encore ajouter aux caractères précédents, les ongles cultriformes, triangulaires, aigus, robustes du *Gymnopus Ægyptiacus,* bien distincts de ceux du *Gymnopus aspilus,* chez lequel ils sont aplatis, minces, à extrémité obtuse; enfin la coloration est entièrement différente, nous l'avons déjà décrite chez le *Gymnopus Ægyptiacus,* dans son congénère, la carapace est d'un brun rouge à vermiculations jaune cannelle claire, le limbe d'un vert olive tirant sur le brun, porte de rares maculatures jaunâtres; la tête, le cou et les pattes sont d'un vert olive moins foncé que celui du limbe, sans traces de macules.

M. W. Théobald, dans un mémoire sur les *Trionyx* de l'Inde (*P. Ac. Soc. of Bengal,* 1876, p. 170 et seq.), fait ressortir le caractère fondamental des individus jeunes, consistant dans la présence d'ocelles sur toutes les parties supérieures. M. Wood-Mason (*loc. cit.,* p. 179) confirme l'exactitude des observations de M. W. Théobald et les fait servir au développement d'une théorie

---

(1) Toutes les mesures sont en millimètres.

tendant à montrer que cette livrée, particulière aux jeunes *Trionyx*
de toutes les espèces, est la preuve que le type ancestral était lui-
même ocellé : « To adopt, dit-il, Hæckel's formula the develop-
pement of the individual (*ontogeny*) was a brief and rapid
recapitulation of that of the species (*phylogeny*). We might,
ajoute-t-il, therefore feel confident that these young Turtles in
their ocellated livery showed us the colouration of the progenitor
of the group ».

Nous n'avons pas à discuter cette manière de voir; nous
constaterons seulement que les mêmes faits se montrent chez
les *Trionyx* Africains, où les jeunes des divers types, très différents des adultes par leur coloration, portent presque tous des
ocelles plus ou moins accusés, ocelles dont les taches du limbe,
de certains types adultes, pourraient être l'équivalent.

Gen. **TETRATHYRA** Gray.

26. TETRATHYRA BAIKII Gray.

Tetrathyra Baikii Gray, P. Z. S. of Lond., 1865, p. 323.
     —   Gray, Suppl. Cat. Shield. Rept., 1870, p. 110, fig. 36.

Leï. — Assez commun. — Podor, Dagana, Saldé, Leybar, Thionk,
Maringouins, Babagaye, Sorres, Diouk.

Gray indique cette espèce comme provenant du Niger (*West.
Afr. river Niger ?*)

Le genre *Tetrathyra* a été avec raison démembré des *Cyclanosteus*, dont il se distingue surtout : par la forme et la disposition
toute spéciale des callosités du sternum, au nombre de quatre,
dont deux antérieures, petites, réniformes, et deux médianes
quadrangulaires, les unes et les autres fortement rugueuses.

Chez le *Tetrathyra Baikii*, les deux callosités antérieures sont
très petites, espacées, dirigées perpendiculairement à l'axe du
plastron et franchement réniformes; les deux médianes, plus
larges que hautes et quadrangulaires, ont leurs angles arrondis,
à bords rectilignes; seul, le bord inférieur est faiblement concave.

La teinte générale est d'un vert olive foncé tacheté de blanc;
le disque également brun olive marbré de noir, présente à sa

partie antérieure un espace couvert de tubercules arrondis, toutes les régions inférieures d'un blanc sale, sont marbrées et tachetées de noir pâle.

Chez les jeunes sujets, la carapace est d'un brun clair traversé de bandes noirâtres, irrégulièrement distribuées et ornée de granulations dirigées suivant des lignes concentriques; des taches blanchâtres sont éparses sur le limbe, surtout en arrière.

27. TETRATHYRA VAILLANTII Rochbr.

(Pl. IV, fig. 1-2.)

Tetrathyra Vaillantii Rochbr., Mss., 1881.

T. — CORPUS OVATUM ANTICE SUBANGUSTATUM, POSTICE DILATATUM; CORTICE INTENSE VIOLACEO, MACULIS LUTEO ALBIS SPARSO; LIMBO PALLIDE OLIVACEO, LUTEO MARMORATO, MACULISQUE ALBIDIS PICTO; STERNUM PALLIDE GRISEUM, CALLOSITATIBUS ANTICIS OVATO ROTUNDATIS, OBLIQUE INCLINATIS, MEDIANIBUS QUADRATIS, MARGINE INFERNO, PROFUNDE BIPARTIS.

Corps ovoïde rétréci en avant, élargi en arrière; carapace tronquée au sommet, fortement rugueuse sur toute sa surface, d'un brun pourpre maculé de taches jaunes et blanchâtres; limbe d'un vert olive grisâtre lâchement marbré de jaune et piqueté de points d'un blanc gris; cou vert grisâtre sale, présentant trois lignes plus foncées disposées longitudinalement sur la région supérieure; tête d'un jaune orangé; pieds d'un jaune verdâtre à taches nuageuses d'un jaune foncé et blanchâtre; callosités sternales supérieures régulièrement ovoïdes; les médianes quadrangulaires à bords internes arrondis; à bords supérieurs faiblement concaves; à bords inférieurs profondément divisés et ouverts sur un angle très aigu; à bords externes faiblement crénelés; toutes les callosités couvertes de granulations aiguës disposées concentriquement.

Chez les individus jeunes, les parties supérieures sont d'un brun violacé mélangé de vert clair; le centre de la carapace plus foncé, présente des granulations concentriques; une ligne d'un brun pourpre règne longitudinalement sur la région médiane;

le limbe est couvert de petits ocelles orangés; le cou et la
partie supérieure de la tête, sont d'un vert grisâtre ocellé de
jaune orangé; les pieds verdâtres, sont mélangés de brun violacé
pâle et ocellés comme le cou.

Lœl. — Assez commun. — Se rencontre dans les mêmes localités
que l'espèce précédente.

Le *Tetrathyra Vaillantii* est complètement distinct de son
congénère; il s'en distingue par sa coloration, entièrement dis-
semblable, et par les callosités du sternum; les deux callosités
antérieures, en effet, sont franchement ovoïdes, dirigées de
dehors en dedans, et non pas réniformes et placées perpendiculairement; les deux callosités médianes sont plus longues, plus
parallélogramiques, et leur bord inférieur externe, légèrement
concave chez le *Tetrathyra Baikii*, est profondément divisé en
deux par une solution de continuité coupée à angle aigu et à
bords écartés et rectilignes, chez le *Tetrathyra Vaillantii;* les
granulations des callosités, coniques, aiguës en forme de rape
de la première espèce, sont enfin tuberculeuses et peu élevées
dans la seconde.

Gen. **CYCLANOSTEUS** Gray.

28. CYCLANOSTEUS SENEGALENSIS Gray.

Cyclanosteus Senegalensis Gray, P. Z. S. of Lond., 1864, p. 95.
Cyclanorbis Petersi Gray, P. Z. S. of Lond., 1852, p. 135.
Emyda Senegalensis Gray, Cat. Tort. Brit. Mus., p. 47.
Cryptopus Senegalensis Dum. et Bib., Erp. Gen., II, p. 504.
Cycloderma Senegalense A. Dum. Arch. Mus., t. X, p. 168.
Cyclanosteus Senegalensis var. *Callosa* Gray, P. Z. S. of Lond., 1865,
p. 425, f. 1.
Baikiea elegans Gray, Supp. Cat. Shield. Rept., 1870, p. 115.

Leï. — Commun. — Habite la majeure partie des marigots de la
Sénégambie : Khasa, Babagaye, Safal, N'Guer, Diouk, Thionk, N'Bilor,
Sorres, Kounakeri, Cagnout, Albréda, Dianoch, Ghimberinghe, etc.

Le genre *Baikiea* de Gray ne nous paraît pas fondé, car il repose uniquement sur une anomalie des callosités sternales d'un *Cyclanosteus Senegalensis*.

CHELONIDÆI C. Bp.

Fam. **CHELONIADÆ** Gray.

Gen. **CAOUANA** Gray.

29. CAOUANA CARETTA Gray.

Caouana caretta Gray, Cat. Tort. Brit. Mus., p. 52.
Chelonia caouana Schweig., Prodr. Monogr. Chelon., p. 297.
Testudo caretta Lin., Syst. Nat., 351.
— *corticata* Proced. de Pisc., Marin. lib. XVI, cap. III, p. 445.
Thalassochelys corticata Strauch., Mem. Ac. Sc. St-Petersb., 1865,
p. 146.
La Caouane Lacep., Quad. Ovip., t. I, p. 96.

Deyaye. — Assez commun. — Cap-Blanc, baie de Tanit, Argain, baie du Lévrier, Gorée, Joalles, Rufisque, rade de Guet-N'Dar, archipel du Cap-Vert.

L'aire de dispersion de cette espèce, comme celle de toutes les Tortues marines, est des plus vastes, car elle habite la Méditerranée, l'Océan Atlantique, les côtes d'Amérique, Madère, les Açores, les Canaries, etc. Elle est assez fréquemment capturée par les Nègres de la côte Occidentale, soit au large, soit dans le voisinage des îles.

30. CAOUANA OLIVACEA Gray.

Caouana olivacea Gray, Cat. Tort. Brit. Mus., p. 53.
Chelonia olivacea Eschs., Zool. Atl., tab. III.
— *Dussumieri* Dum. et Bib., Erp. Gen., II, p. 557, pl. XXIV.
Thalassochelys olivacea Strauch, Mem. Ac. Sc. St-Petersb,, 1865,
p. 147.

Dayaye. — Assez commun. — Visite les mêmes parages que l'espèce précédente.

Le *Caouana olivacea* aurait pour patrie, d'après la majorité des auteurs : l'Océan Indien, les Philippines, la côte de Malabar, etc., A. Dumeril, dans son mémoire sur les Reptiles de l'Afrique Occidentale (*Arch. mus.,* t. X, 1853-1861, p. 170), cite de jeunes individus de cette espèce envoyés du Gabon par M. Aubry Lecomte; «si, comme tous les caractères semblent le démontrer, dit-il, il y a identité entre ces Chélonées et celle de Dussumier (*olivacea*), qui avait été trouvée jusqu'à ce jour, uniquement dans les mers de l'Inde, il faut voir ici une nouvelle preuve de ce fait que les Tortues de mer sont cosmopolites. »

Les jeunes exemplaires de M. Aubry Lecomte, que nous avons examinés dans les galeries du Muséum, appartiennent incontestablement au *Caouana olivacea;* de plus, son existence en Sénégambie, est démontrée par les individus adultes pris en rade de Guet N'Dar et de Gorée, que nous avons rapportés, individus aujourd'hui déposées au Musée des Colonies, après avoir figuré à l'exposition de 1878.

Gen. **CARETTA** Gray.

31. CARETTA IMBRICATA Gray.

Caretta imbricata Gray, Cat. Tort. Brit. Mus., p. 53.
Chelonia imbricata Schweig., Prodr. Monog. Chelon., p. 291.
   —   Dum. et Bib., Erp. Gen., t. II, p. 547.
Testudo imbricata Lin., Syst. Nat., p. 350.
Eretmochelys imbricata Fitz., Syst. Rept., p. 30.

Dayaye. — Assez commun. — Cap-Blanc, la Bayadère, Argain, les Almadies, baie d'Yof, Joalles, Rufisque.

Des spécimens de cette espèce cosmopolite, se voient au musée des Colonies, l'un pêché au banc d'Argain, provient de nos collections ; le second a été pris dans les environs immédiats de Joalles.

Gen. **MYDAS** Agass.

32. **MYDAS VIRIDIS** Gray.

Mydas viridis Gray, Supp. Cat. Shield. Rept., 1870, p. 75.
Testudo viridis Schneid., Allgm. Naturg. d. Schildk., p. 299.
    — *Mydas* Schoëp., Hist. Testud., p. 73.
Chelonia Mydas Dum. et Bib., Erp. Gen., t. II, p. 538.

Dayaye. — Commun. — Cap Blanc, cap Mirik, baie du Lévrier, Argain, la Bayadère, Tannit, baie d'Yoff, Tinjmeira, Portudal, Joalles, Rufisque, archipel du Cap Vert et notamment à Saint-Vincent; rade de Gruet-N'Dar, Gorée, Iles de la Madeleine.

Malgré son abondance à certaines époques, cette espèce n'est pas recherchée pour l'industrie ou l'alimentation, les Nègres la mangent rarement et la pêchent seulement comme objet de curiosité qu'ils vendent aux Européens; la grande quantité de *Mydas viridis* au banc d'Argain, avait été signalée dès 1682 par Le Maire dans son voyage au Cap Vert et au Sénégal (liv. VII, chap. IX, § II, t. II, p. 134.

Fam. **SPHARGIDIDÆ** Gray.

Gen. **SPHARGIS** Merr.

33. **SPHARGIS CORIACEA** Gray.

Sphargis coriacea Gray, Syn. Rept., p. 51.
Testudo coriacea Lin., Syst. Nat., p. 350.
Dermatochelys coriacea Strauch., Mem. Ac. Sc. St-Petersb., 1865,
        p. 133.
Sphargis mercurialis Sieb., Faun. Japon., Amph., p. 6, tab. I.
Coriudo coriacea Harl., Amer. Herp., p. 83.
La Tortue Luth Bosc, N. Dict. H. Nat., t. XXXIV, p. 257.

Dayaye. — Assez rare. — Rade de Guet-N'Dar, côte d'Argain, baie d'Yoff, Joalles, Rufisque.

Cette espèce est indiquée comme habitant l'Océan Atlantique, la Méditerranée, le Cap de Bonne-Espérance, les côtes du Chili, l'Amérique du Nord, le Japon, les mers de l'Inde, etc.; elle serait donc éminemment cosmopolite.

C'est Adanson qui, le premier, a signalé le *Sphargis coriacea* sur les côtes de la Sénégambie (*Hist. nat.*, éd. *Payer*, t. II, p. 26), car il faut incontestablement rapporter à cette espèce, sa Tortue *Kaouanne* « à test ovoïde, long de huit pieds, large de quatre pieds et demi, profond ou épais de deux pieds, formé entièrement d'un cartilage souple, huileux, recouvert d'une peau faisant corps avec lui, et relevé en dessus de côtes aiguës qui forment entre elles des cannelures longitudinales assez profondes. »

Adanson l'indique « comme étant commune à l'entrée de la rivière de Joalles dont les eaux sont toujours salées », et il la distingue de la *Kaouanne* de la Méditerranée, « en ce que cette dernière *a sept côtes* élevées d'un pouce, comme dentées en dessus du test, tandis que celle du Sénégal en a *seulement cinq*, aiguës. »

Agassiz semble disposé à distinguer également deux espèces dans le genre *Sphargis* (*Contr.*, vol. I, p. 373); nous n'avons pu voir de différences entre les exemplaires de la Méditerranée et ceux de la Sénégambie, où le nombre des côtes dorsales est le même, seulement la taille des Sénégambiens est plus forte, ce qu'il faut attribuer, sans doute, à leur âge plus avancé.

« Quand le *Sphargis coriacea* est vivant, rapporte M. Théobald (*Journ. Lin. Soc. of Lond.*, t. X, p. 10), les parties inférieures sont couvertes de taches blanches, qui disparaissent après la mort »; les exemplaires Sénégambiens ont les côtés du cou, la tête, la gorge et les pattes maculées de larges taches d'un blanc grisâtre; ces macules subsistent même sur l'animal desséché, témoin le splendide spécimen des Galeries du Muséum de Paris, provenant de l'ancien Musée de Dakar, et pêché dans les eaux de Rufisque.

HYDROSAURII Kaup.

CROCODILINI Peters.

Fam. CROCODILIDÆ C. Bp. (1)

Gen. OSTEOLÆMUS Cope.

34. OSTEOLÆMUS TETRASPIS Cope. (2)

(Pl. V, fig. 1.)

Osteolæmus tetraspis Cope, P. Ac. N. Sc. Philad., t. XII, p. 550, 1860.
Crocodilus frontatus Murr., P. Z. S. of Lond., 1862, p. 213, pl. XXIX.
— Strauch, Mem. Ac. Sc. St-Petersb., t. X, 1867, p. 37.
Halcrosia frontata Gray, Ann. and Mag. N. H., 3e ser., t. X, p. 273.

O. — ROSTRO BREVI, LATO, PARUM ATTENUATO, SUPRA DEPLANATO CONVEXO, SUBGLABRO; SEPTO NARIUM OSSEO, PALPEBRIS SUPERIORIBUS MAXIMA EX PARTE OSSEIS; FRONTE DECLIVI; SCUTIS NUCHALIBUS SEX, UNISERIATIS, CERVICALIBUS QUATUOR, PER PARIA IN SERIES TRANSVERSAS, DORSALIBUS IN SEX SERIES LONGITUDINALES DISPOSITIS; CRURIBUS POSTICE ECRISTATIS.

---

(1) Les coupes génériques établies par Gray, dans la famille des *Crocodilidæ,* n'ont pas été acceptées par la majorité des Herpétologistes. Tout en reconnaissant avec eux les tendances du Naturaliste Anglais à trop multiplier ces coupes, dans la plupart de ses ouvrages, nous croyons cependant que, dans cette famille, certaines divisions sont nécessaires; nous avons donc accepté la classification de Gray (auquel nous ne marchandons pas les critiques, lorsque nous les jugeons nécessaires), parce qu'elle nous paraît établie sur des caractères suffisamment tranchés.

(2) Afin de diminuer les difficultés inhérentes à la distinction des espèces, nous reproduisons les diagnoses si bien faites de Strauch, dans son *Synopsis der gegenwartig lerenden Crocodilen* in *Mem. Ac. Sc. St-Petersb.,* t. X, 1867, après les avoir préalablement vérifiées sur nos exemplaires et sur ceux des Galeries du Muséum.

Ogombé. — Peu commun. — Mélacorée, Gambie, Casamence, marigots de Cagnout, de Bering, de l'île aux Chiens et aux Éléphants, Dianoch.

Tout en reconnaissant que le nom de *tetraspis* Cope est antérieur (1860) à celui de *frontatus* Murray (1862), et que l'un et l'autre désignent une seule et même espèce, Strauch déclare (*loc. cit.*) accepter de préférence le nom de *frontatus,* parce que la description de Murray est la plus complète et accompagnée d'une excellente figure : « weil er von einer sorgfältigen Beschreibung und einer vortrefflichen Abbildung begleitet ist. »

Les raisons invoquées par Strauch n'étant pas dans ce cas, selon nous, admissibles, nous avons choisi le nom de Cope en vertu de sa priorité; quant au genre *Halcrosia* Gray, il doit également passer en synonymie, le genre *Osteolæmus* Cope lui étant antérieur.

Gray ignorait sans doute, qu'avant lui, Cope avait reconnu l'utilité de séparer son espèce du genre *Crocodilus,* en créant pour elle celui de *Osteolæmus.*

L'espèce qui nous occupe, observée au Gabon et au Calabar, ne remonte pas au delà de la Gambie; c'est à tort que Gray l'indique dans le Sénégal et qu'il la donne comme représentant le *Crocodile noir* d'Adanson; Adanson ne l'a pas connu, on verra plus loin à quel type ce nom de *Crocodile noir* doit être attribué.

Gen. **CROCODILUS** Cuv.

35. **CROCODILUS VULGARIS** Cuv.

(Pl. V, fig. 2.)

Crocodilus vulgaris Cuv., Ann. Mus., t. X, p. 40, pl. I, f. 5-12 et
        pl. II, fig. 7.
  —   —   Strauch, Mem. Ac. Sc. St-Petersb., t. X, 1867, p. 43.
  —   *Chamses* Bor. St-Vinc., Dict. class. H. N., t. V, p. 105.
  —   *Suchus* Geoff. St-Hil., Ann. Mus., t. X, p. 81, pl. III, fig. 2.
  —   *marginatus* Geoff. St-Hil., Descr. Egypt., Rept., 2e éd.,
        XXIV, p. 565.
  —   *lacunosus* Geoff. St-Hil., Descr. Egypt., Rept., 2e édit.,
        XXIV, p. 567.

Crocodilus complanatus Geoff. St-Hil., Descr. Egypt., Rept., 2e édit.,
XXIV, p. 570.
—   *Niloticus* Wagl., Nat. Syst. Amph., tab. VII, fig. 2.
—   *vulgaris* var. *A. C. D.* Dum. et Bib., Erp. Gen., t. III,
p. 104, etc.
Le Crocodile vert Adans., Voy. au Seneg., p. 70, et Cours. H. N. édit.
Payer, t. II, p. 46.

C. — ROSTRO LONGO, SUB ANGUSTO ET SUB ACUMINATO, SUPRA PLUS
MINUSVE CONVEXO ET RUGOSO ; SEPTO NARIUM CARTILAGINEO ; PALPEBRIS
SUPERIORIBUS MEMBRANACEIS ; FRONTE PLUS MINUSVE CONVEXO, POREIS
PRÆORBITALIBUS OSSEIS VEL NULLIS, VEL BREVISSIMIS ; SCUTIS NUCHA-
LIBUS QUATUOR VEL SEX UNISERIATIS, CERVICALIBUS SEX IN DUAS SERIES
TRANSVERSAS ; DORSALIBUS IN SEX VEL OCTO SERIES LONGITUDINALES
DISPOSITIS ; CUTE IN LATERIBUS COLLI ET TRUNCI LÆVI ; CRURIBUS POSTICE
CRISTA VALDE SERRATA ARMATIS.

Diasikjh. — Commun. — Tous les marigots et les cours d'eau de la
Sénégambie, de la Casamence au Haut-Sénégal, le Niger, la Falémé, etc., etc., sans exception.

Le Crocodile vulgaire, commun du temps d'Adanson dans les
environs immédiats de Saint-Louis, n'habite plus aujourd'hui ces
parages, où il est rare d'en rencontrer des individus isolés ;
quoi qu'il en soit, les récits d'Adanson renferment des renseignements qui, par leur exactitude, méritent d'être cités.

« Un peu au-dessus de l'escale aux Maringouins, dit-il (*Voy.
au Sénég., loc. cit.*, p. 70), je commençai à voir des Crocodiles,
quand je dis que je commençai à en voir, j'entends par centaines ;
car vers l'Isle du Sénégal on en trouve bien quelques-uns. Mais
il semble que cet endroit soit leur rendez-vous, et même des plus
gros ; j'y en ai vu qui avaient depuis quinze jusqu'à dix-huit pieds
de longueur, et j'ignore qu'il en existe de plus grands. Il y en
avait plus de deux cents qui paraissaient en même temps
au-dessus de l'eau. Lorsque le bateau passa dans ces quartiers, ils
eurent peur et plongèrent aussitôt, mais ils reparurent bientôt
après pour reprendre haleine ; car ces animaux ne peuvent
demeurer que quelques minutes sous l'eau sans respirer.
Lorsqu'ils surnagent il n'y a que la partie supérieure de leur

tête et une partie du dos qui s'élève au-dessus de l'eau ; ils ne ressemblent alors à rien moins qu'à des animaux vivants, on les prendrait pour des tronc d'arbres flottants. Dans cette attitude, qui leur laisse l'usage des yeux, ils voient tout ce qui se passe sur l'un et l'autre bord du fleuve, et dès qu'ils aperçoivent quelque animal qui vient pour y boire, ils plongent, vont promptement à lui en nageant entre deux eaux, l'attrappent par les jambes, et l'entraînent en pleine eau pour le dévorer après l'avoir noyé. »

« Cet animal, dit encore Adanson (*Cours H. N.*, éd. *Payer*, *loc. cit.*, p. 46), est commun dans les eaux douces du Nil et surtout celles du Niger (Sénégal), où on le voit quelquefois par centaines dans les parties inférieuree du fleuve, depuis l'île de Sorres, dans le marigot qui porte son nom : Diasic (Diasikjh), c'est-à-dire marigot des Crocodiles, jusqu'auprès de Podor.

» La femelle pond en Juin, au milieu des plaines sablonneuses exposées au soleil, à cinquante ou cent toises environ du rivage, 36 à 60 œufs ovoïdes, grands comme ceux de l'Oye, mais un peu plus longs, blancs, piquetés de jaune, à coque dure (*loc. cit.*, p. 47). »

« En côtoyant le marigot voisin de Sor-baba (*Voy. au Sénég.*, *loc. cit.*, p. 146), des traces fraîchement imprimés sur le sable et que je reconnus facilement pour être du Crocodile, piquèrent ma curiosité. J'arrivai à un endroit distant de cent cinquante pas du marigot où le sable paraissait avoir était gratté ; mes Nègres jugèrent que ce pourrait être le lieu où ce Crocodile venait de faire sa ponte et ils ne se trompèrent pas ; après avoir creusé environ un demi-pied, ils trouvèrent une trentaine d'œufs ; ils n'étaient guère plus gros que des œufs d'Oye et répandaient une petite odeur musquée.

» Les Nègres mangent ses œufs et sa chair, qui est noire et grossière comme celle du Bœuf ; j'en ai goûté plus d'une fois, mais tous deux ont une odeur de Musc peu supportable. »

Le Crocodile vulgaire reste immobile pendant le jour, le plus habituellement étendu au soleil sur la berge des marigots ; c'est seulement le soir qu'il se met en chasse, nageant à la surface de l'eau ou embusqué sur la rive les yeux seuls émergeant au-dessus du liquide ; il pousse de moments en moments un cri rauque comparable au beuglement du veau et perceptible à de grandes

distances. Ces cris sont habituels aux jeunes comme aux adultes;
six individus de 0,25 centimètres de long que nous conservions
dans un baquet, nous étourdissaient tellement de leurs mugisse-
ments que nous dûmes nous en débarrasser en les plongeant
dans l'alcool; on peut, par là, se faire une idée du bruit effroyable
produit par des centaines de voix d'animaux dont beaucoup
atteignent jusqu'à trois mètres de long.

Les Nègres chassent souvent cette espèce qu'ils ne redoutent
pas, ils recueillent soigneusement sa graisse, remède efficace
contre les douleurs, prétendent-ils; ils fabriquent également des
Grigris avec ses ongles, afin de se préserver de l'attaque d'une
autre espèce que nous allons examiner. Souvent nous avons
mangé la chair du Crocodile vulgaire; la cuison fait complètement
disparaître l'odeur musquée; la queue, la partie la plus estimée,
fournit une viande blanche d'un goût agréable, semblable à celui
de la viande de Porc; elle a l'avantage d'être beaucoup plus
digestive que cette dernière.

P. Gervais, dans son article, sur les Crocodiles (*Dict. H. N.
d'Orbigny*, 2° édition, 1867, t. IV, p. 474), cite deux passages
d'Hérodote, relatifs à ces animaux : « et qui, dit-il, ont occasionné
bien des commentaires »; l'un de ces passages est le suivant :
« comme le Crocodile se nourrit particulièrement dans le Nil, il
a toujours l'intérieur de la gueule tapissé d'insectes (*Bdella*) qui
lui sucent le sang. »

« Une première question, dit P. Gervais, est de savoir quels sont
ces *Bdella;* les traducteurs jusqu'à Scaliger avaient entendu par
ce mot : les *Sangsues;* Aristote pensait probablement de même;
on a dit plus récemment que c'était des Cousins. »

Il résulte de nos observations personnelles, « que les traducteurs jusqu'à Scaliger » seuls, ont eu raison : chez tous les
Crocodiles vivants que nous avons examinés, nous avons invariablement vu la voûte palatine littéralement couverte d'une
petite *Hirudinée*, d'un genre nouveau que nous avons décrite,
sous le nom de *Lophobdella Quatrefagei* (*C. R. Ac. Sc.*, séance du
30 juin 1884); quant au *Trochilus* (qui, d'après E. G. Saint-Hilaire,
serait le *Charadrius Ægyptiacus*, Hassel), nous ne l'avons
jamais vu se livrer au nettoyage de la gueule des Crocodiles, et
nous continuerons à reléguer parmi les fables, l'assertion
d'Hérodote et de ses commentateurs

Gen. **TEMSACUS** Gray. (1)

36. TEMSACUS INTERMEDIUS Gray.

(Pl. VI, fig. 1, et Pl. VII, fig. 1.)

Temsacus intermedius Gray, Ann. And. Mag. Nat. Hist., t. X, 1862,
p. 272.

Molinia intermedia Gray, Ann. And. Mag. Nat. Hist., t. X, 1862,
p. 272.

Crocodilus intermedius Graves, Ann. Gen. Sc. Phys., t. II, p. 248.

— *Journei* Bor. St-Vinc., Dict. Class. H. N., t. V, p. 111, pl. II.

Le Crocodile de Journu A. Dum., Arch. Mus., t. X, p. 172, pl. XIV,
f. 3.

Le Gavial du Sénégal Adanson, Cours H. N., éd. Payer, t. II, p. 46.

T. — ROSTRO LONGO, ANGUSTO, ACUMINATO, SUPRA CONVEXO, SEPTO
NARIUM CARTILAGINEO; PALPEBRIS SUPERIORIBUS MEMBRANACEIS; FRONTE
CONVEXO; SCUTIS NUCHALIBUS SEX UNISERIATIS, CERVICALIBUS SEX
BISERIATIS ET A LORICA DORSALI SPATIO LATO-CUTANEO SEPARATIS; DOR-
SALIBUS IN SEX SERIES LONGITUDINALES DISPOSITIS; CRURIBUS POSTICE
CRISTA VALDE SERRATA ARMATIS.

N'Gandojh. — Rare. — Gambie, Casamence, marigots de Cagnout,
Dianoch, Kaour.

Pour Gray (*loc. cit.*), le *Temsacus intermedius*, est originaire
d'Amérique; Strauch (*loc. cit.*), se fondant sur une tête vendue à
Huxley, par un marchand d'objets d'Histoire Naturelle et étique-
tée *Crocodile de l'Orénoque,* suppose qu'il s'avancerait peut-être
jusque dans l'Amérique Sud, mais il n'affirme rien et conclut
que l'on n'a aucune certitude sur son habitat.

L'habitat Sénégambien de cette espèce ne fait pour nous aucun

---

(1) Le genre *Molinia* de Gray comprend le sous-genre *Temsacus,* créé
spécialement pour le *Crocodilus intermedius ;* considérant cette espèce comme
devant être séparée des autres Crocodiles, nous avons dû prendre pour genre,
le sous-genre de Gray ; celui de *Molinia* ayant été fait, en 1794, par Mœnch
(*Meth.*, p. 183), pour des Graminées du groupe des Festucacæ, dont le
Molinia cœrulea Mœench., de France, est le type.

doute, nous en avons vu un exemplaire adulte provenant de la Gambie, entre les mains de M. Isard, marchand d'animaux à Saint-Louis, et nous possédons une tête de jeune sujet recueilli en Casamence, que nous devons à l'obligeance de M. Paterson ; il y a plus, c'est que le *Crocodilus Journei* (nous choisissons ce nom à dessein), a été connu d'Adanson.

Trois espèces de Crocodiles sont en effet citées par Adanson (*loc. cit.*) : le Crocodile vert ou vulgaire, le Crocodile noir et le Gavial du Sénégal.

Nous avons précédemment décrit le Crocodile vulgaire (*le vert*) ; on verra bientôt ce qu'il faut entendre par Crocodile noir ; il reste le Gavial du Sénégal.

« Ce qui le distingue du Crocodile, dit Adanson (*Cours H. N.*, éd. *Payer*, t. II, p. 48), c'est qu'il est plus petit, jaune roux marbré de noir, à six rangs d'écailles sur le dos..... Il est aussi commun en Amérique : peut-être est-ce une autre espèce. »

De tous les Crocodiles Sénégambiens, le *Crocodilus Journei* est le seul auquel on puisse appliquer ces caractères ; c'est donc évidemment lui qu'Adanson a désigné sous le nom de Gavial du Sénégal.

Tout porte à supposer que les individus d'Amérique, cités par Gray et Strauck appartenaient à une autre espèce, probablement au *Crocodilus acutus* E. Geoff. Saint-Hil. ; quoi qu'il en soit, nous sommes persuadé, qu'en s'adonnant à la recherche et à l'étude des Crocodiles, particulièrement dans la basse Sénégambie, comme aux Ashanties et au Gabon, les voyageurs sauront découvrir cette espèce dont l'habitat authentiquement constaté par nous, ne peut aujourd'hui être mis en doute. Un très bel exemplaire de cette espèce existe dans les Galeries du Musée d'Histoire Naturelle de Bordeaux.

Gen. **MECISTOPS** Gray.

37. **MECISTOPS CATAPHRACTUS** Gray.

(Pl. VI, fig. 2.)

Mecistops cataphractus Gray, Ann. and Mag. N. H., 1862, p. 273.
Crocodilus cataphractus Cuv., Oss. Foss., 2e édit., Ve Part., t. II, p. 58, pl. V, f. 1, 2.

Mecistops Bennettii Gray, Cat. Tort. Crocod. and Amphisb., p. 57.
Crocodilus leptorhynchus Benn., P. Z. S. of Lond., 1835, p. 129.
    —   *niger* Latr., Hist. Nat. Rept., t. I, p. 210.
Crocodile noir Lacep., Œuv., éd. Pillot, t. II, p. 215.
Le Crocodile noir Adanson, Voy. Sénég., p. 73.

M. — ROSTRO LONGISSIMO, ANGUSTO ET MAXIME ACUMINATO, SUPRA
CONVEXO ; SEPTO NARIUM CARTILAGINEO ; PALPEBRIS SUPERIORIBUS MEM-
BRANACEIS ; FRONTE CONVEXO, POREIS NULLIS ; SCUTIS NUCHALIBUS
MULTIS, PARVIS, BI VEL TRISERIATIS, CERVICALIBUS PLERUMQUE PER PARIA
IN SERIES TRANSVERSAS DISPOSITIS ET LORICAM DORSALEM ATTENGEN-
TIBUS ; DORSALIBUS IN SEX SERIES LONGITUDINALES DISPOSITIS ; CRURIBUS
POSTICE, CRISTA VALDE SERRATA ARMATIS.

Maimado. — Commun. — Tous les marigots de la Sénégambie, où
il vit avec le *Crocodilus vulgaris.*

Gray s'est évertué à démontrer que le Crocodile noir d'Adanson
était le *Crocodilus frontatus,* son *Halcrosia frontata* (*Ann. and Mag.
Nat. Hist.,* 3e sér., t. X., p. 265) ; Strauch, dans une discussion
remarquable (*Mem. Ac. Sc. St-Petersb.,* 1869, t. X., p. 37, et *Bull.
Ac. Sc. St-Petersb.,* 1869, p. 51 et seq.), a fait justice des erreurs
du Naturaliste Anglais, erreurs basées sur de prétendues éti-
quettes écrites de la main même d'Adanson ; il avance, toutefois,
un fait que nous ne pouvons accepter : c'est l'identité du Crocodile noir avec le *Gavial* du Sénégal, et l'absence du *Crocodilus
frontatus* en Sénégambie. Nous ne reviendrons pas sur ces deux
assertions que nous croyons avoir précédemment réfutées.

Pour nous, le *Crocodilus cataphractus* est bien réellement
le Crocodile noir d'Adanson ; cette opinion a été émise par
Latreille et Lacépède (*loc. cit.*) ; de leur côté, Dumeril et
Bibron, sans rien affirmer cependant, penchent vers la même
interprétation (*Erp. Gen.,* t. III, p. 128) : « Il n'y aurait rien
d'étonnant, écrivent-ils, à ce que cette espèce (*Crocodilus cataphractus*) se trouvât aussi dans le Sénégal, et que ce ne fût à elle
alors qu'il fallût rapporter le Crocodile noir d'Adanson ; car elle
offre bien évidemment un des principaux caractères qu'il assigne
au dernier, celui d'avoir les mâchoires plus longues et plus
étroites que celles du Crocodile vert. »

Le *Crocodilus cataphractus*, commun en Sénégambie, l'est un peu moins cependant que le Crocodile vulgaire; il est excessivement redouté des Nègres, qui ne le chassent qu'exceptionnellement, tandis qu'ils s'emparent sans difficulté du Crocodile vulgaire. Ce dernier, d'après leurs récits, n'attaque jamais l'homme : il se détourne devant sa pirogue, s'éloigne de lui quand il se baigne ou traverse son domaine, tandis que le Maimado s'acharne au contraire à sa poursuite, et sait en triompher toujours.

« On voit dans les environs du marigot d'Ouasoul, dit Adanson (*loc. cit.,* p. 71), une seconde espèce de Crocodile qui ne le cède point au vert pour la grosseur; on le distingue par sa couleur noire et par ses mâchoires qui sont beaucoup plus allongées; il est encore plus carnassier, on le dit même fort avide de chair humaine. »

Jobson, dans le récit des divers incidents de son voyage en Gambie effectué en 1821, rapporte que ce fleuve « est rempli de Crocodiles, et que les Nègres les croient si redoutables, qu'ils n'ont pas la hardiesse de laver leurs mains dans l'eau de la rivière et bien moins de la traverser à gué ou à la nage; les exemples de voracité de ces animaux sont en grand nombre; ils dévorent également les hommes et les bestiaux » (in *Walckenaer Hist. Gen., Voy.,* t. III. § II, p. 349 et seq. 1826).

Jobson fait observer que les Crocodiles « sont en moins grand nombre dans les parties inférieures de la rivière et que leurs cris se font entendre de fort loin, comme s'ils sortaient du fond d'un puits. »

Perrottet (*Voy. de St-Louis à Podor,* 1825) confirme la voracité du Crocodile noir en relatant un accident « arrivé sous ses yeux à l'embouchure du marigot de Taoué, où un Maure de la tribu des Azouana, en traversant ce marigot à la nage, fut entraîné sous l'eau par un de ces animaux et eut la jambe droite enlevée par un coup de mâchoire. »

Le *Crocodilus cataphractus* atteint une taille aussi considérable que le *Crocodicus vulgaris,* l'un et l'autre mesurent souvent cinq mètres de long et pèsent de 200 à 300 kilogrammes.

MOSASAURI Rochbr. (1).

MONITORIDÆ Rochbr.

Fam. **VARANIDÆ** C. Bp.

Gen. **PSAMMOSAURUS** Fitz.

38. PSAMMOSAURUS GRISEUS Fitz.

Psammosaurus griseus Fitz., Neue Class. Rept., p. 50.
Varanus arenarius Dum. et Bib., Erp. Gen., t. III, p. 471.
—   *Scincus* Merr., p. 59, n° 6.
—   *terrestris* Schinz., Natur. Abb. Rept., p. 94, tab. XXXII, f. 2.

Njassawane. — Assez commun. — Aleb, Kaidé, Gasser-El-Barka, Portendick, Leybar, Thionk, Diouk, Sorres, pointe de Barbarie, Gandiole, Yen, N'Diago, Gadieba, Kaarta, Oualo, Deny-Dack, Ponte, Sebieeutane.

---

(1) Tout en classant les Varans parmi les Lacertiliens, les auteurs se sont efforcés de faire ressortir les différences essentielles qui les distinguent les uns des autres. Dumeril et Bibron (*Erp. Gen.*, t. III, p. 437 et seq.), surtout, ont longuement insisté sur ces différences en s'aidant des travaux de l'immortel Cuvier. La conformation du squelette, celle des organes internes et notamment des ventricules, sans parler d'autres particularités remarquables de leur structure, de plus leur très proche parenté avec les *Mosasaurus*, reptiles éteints de la Craie de Maestrich, des schistes de la Thuringe et d'Amérique, sont autant de caractères propres à les faire envisager comme constituant un groupe nettement défini. « The skull in the *Platynota* or *Monitors* of the Old Wordl, with the American genus *Heloderma*, dit Huxley (*Man. Anat. Verteb.*, 1871, p. 228), differs from that of any other *Lacertilia*, in the circoustance that the nasal bones, are represented by a single narrow ossification. » « The skull of *Mosasaurus*, continue le même auteur (*loc. cit.*, p. 230), prove that its structure was very similar to that of the Old World *Monitors* in the large size of the nasal apertures, and the fusion of the nasals in to a narrow bone. »
Par suite de ces considérations diverses, en proposant de séparer les Varans

Cette espèce, répandue sur la majeure partie du continent Africain, habite les régions arides et sablonneuses, où elle se pratique des terriers ; d'une remarquable agilité, malgré sa taille assez forte, elle se nourrit exclusivement d'insectes ; elle pond de trente à quarante œufs d'un blanc laiteux et de forme semblable à celle des œufs de Pigeon.

« Le Varan du désert, disent Dumeril et Bibron (*loc. cit.*, p. 473), lorsqu'on le retient en captivité, au lieu de se jeter sur sa proie avec avidité, ne peut être nourri que si on lui met dans la bouche des morceaux de chair et en employant la violence pour les lui faire avaler. »

Nous avons fréquemment possédé vivants des Varans du désert, et leur manière d'être, dans les cages où nous les tenions renfermés, ne nous a fourni rien d'analogue à ce que racontent Dumeril et Bibron, qui certainement ont été induits en erreur.

Inquiets, sans cesse en mouvement, faisant des efforts impuissants pour s'échapper, ils ne s'emparaient des gros insectes dont leur prison était abondemment fournie, que lorsqu'ils se croyaient hors de la vue et uniquement pressés par le besoin, laissant de côté la viande ou le Poisson qui leur étaient offerts. Quant au singulier moyen d'employer la violence pour leur faire avaler la nourriture, il ne réussit pas mieux vis-à-vis d'eux, que vis-à-vis de n'importe quel animal ; la moindre tentative d'agression les exaspère, ils cherchent à mordre, se heurtent violemment contre la paroi des cages, et meurent rapidement par suite des blessures qu'ils se font, ou bien d'inanition, comme le constate leur excessive maigreur.

---

des vrais Lacertiliens, nous ne pouvons accepter le qualificatif de *Platynoti*, créé par Dumeril et Bibron (*loc. cit.*, p. 433) ; ce nom de Platynotes, en effet, ballotté des Insectes aux Reptiles, des Helminthes aux Crustacés, a servi pour la première fois à Fabricius (1801), pour désigner un groupe de Coléoptères ; or, en supposant que la dénomination de Dumeril et Bibron fût acceptable, ce qui n'est pas, elle ne pourrait cependant être appliquée au groupe de Reptiles que nous étudions, puisqu'elle est postérieure de vingt-neuf années à Fabricius.

A cause même des relations intimes, reconnues par tous, qui unissent les Varans et les Mosasaures, nous les classons dans un ordre distinct, sous l'appellation de *Mosasauri* ; cet ordre devra, en outre, comprendre deux divisions : celle des *Monitoridæi* pour les espèces vivantes, et celle des *Mosasauridæi* pour les types fossiles.

Les femelles sont relativement moins turbulentes ; deux de celles que nous possédions, pondirent chacune quarante œufs dans l'espace de vingt-quatre heures, après avoir légèrement creusé la couche de sable dont le fond de leur cage était couvert.

Gen. **MONITOR** Cuv.

39. **MONITOR NILOTICUS** Gray.

Monitor Niloticus Gray, Synop. in Griff., Ann. Kingd., t. IX, p. 27.
Varanus Niloticus Fitz. Neue, Class. Rept., p. 50.
       —   Dum. et Bib., Erp. Gen., t. III, p. 476.
Lacerta Nilotica Lin., Syst. Nat., p. 369.
Tupinambis Niloticus Kuhl, Beitr. Zool., p. 124.
Le grand Monitor du Nil Cuv., Oss. Foss., t. V, p. 255.
Le Monitor du Nil Cuv., R. Ann., t. II, p. 25.

Yale. — Très commun. — Sorres, Thionk, Leybar, Diouk, Dakar-Bango, marigot des Maringouins, Kounakeri, rivière Samone, N'Guer, Kouma, Gahé, Khasa, Dagana, Podor, Joalles, Gambie, Casamence, Albreda, Cagnout, Cagnac-Cay, marigots aux Huîtres, Ghimberinghe.

Le *Monitor Niloticus* (Yale des Nègres, Guèle tapée des Européens) est commun sur tout le continent Africain ; fréquent dans la région du Nil, il était connu d'Hérodote sous le nom de Crocodile terrestre.

Les stations les plus ordinairement habitées par cette espèce sont les bords des marigots où elle se tient en embuscade parmi les branches des Palétuviers, contrairement à l'assertion de Dumeril et Bibron (*loc. cit.,* t. III, p. 460), qui assurent, d'après certains voyageurs, que ces animaux ne peuvent grimper sur les arbres.

C'est seulement pendant les premières heures du jour, quelquefois le soir, qu'ils se livrent à la recherche de leur nourriture consistant principalement en Crustacés, en petits Poissons, en Reptiles et en œufs d'Oiseaux. Ils se creusent des terriers profonds sur les berges des marigots, et on les observe souvent traversant d'une rive à l'autre, la tête élevée hors de l'eau, sans y séjourner longtemps, malgré l'opinion contraire généralement accréditée.

Soit à terre, soit sur les arbres, ils se meuvent avec une rapidité surprenante; méfiants, ils fuient le danger, mais ils résistent courageusement quand toute retraite leur est fermée, et leur morsure est des plus cruelles. Quand ils se sentent attaqués, ils manifestent leur colère par un gonflement de la gorge excessivement dilatable et une sorte de soufflement fort et prolongé, produit par l'expulsion violente et rapide de l'air contenu dans les poumons.

Leur queue longue, robuste, flexible, devient une arme assez redoutable, par les cinglements puissants qu'ils savent lui imprimer. Nous avons vu des Nègres renversés par un coup de queue de Varans de 1ᵐ50 de long; nous-même, en ayant reçu un d'un individu blessé, nous éprouvâmes une vive douleur à la jambe droite, douleur suivie d'une ecchymose analogue à celles produites par un coup de bâton.

Il n'est pas rare de rencontrer des spécimens de 2ᵐ50 et plus, de longueur totale.

La coloration des très jeunes individus diffère beaucoup de celle des adultes; ils se font surtout remarquer par les bandes en chevrons de la tête et de la nuque, d'un beau jaune orangé et non pas d'un jaune clair. Les régions inférieures, sont également jaune orangé, coupées de bandes étroites d'un noir brillant. La figure d'un jeune Varan du Nil, donné par Peters, dans son ouvrage sur les Reptiles de Mosambique, est des plus défectueuses, car les teintes trop pâles sont celles d'un animal ayant longtemps séjourné dans l'alcool.

Le Varan du Nil est un mets recherché par certains Nègres et quelques Européens; sa chair, d'un blanc rosé, préparée de différentes manières, nous a toujours paru exquise, nourrissante et très digestive.

40. MONITOR ALBOGULARIS Gray.

Monitor albogularis Gray, Synop. in Griff. Ann. Kingd, t. IX, p. 28.
Varanus albogularis Dum. et Bib., Erp. Gen., t. III, p. 495.
Tupinanbis albogularis Kuhl, Beitr. Zool., p. 125.
Regenia albogularis Gray, Spec. Liz., p. 8.

Yale. — Assez rare. — Bakel, Arondou, Makana, Bafoulabé, Kouguel, bords de la Falèmé, Bakoy, Bafing, Gouina, Talaari.

Cette espèce d'Abyssinie, de la côte de Mosambique, etc., ne nous est connue que dans le Nord-Est de la Sénégambie; comme la précédente, elle fréquente le bord des marigots; sa taille est moins considérable, quoiqu'elle dépasse souvent 1 mètre.

41. MONITOR OCELLATUS Gray.

Monitor ocellatus Gray, Synop. in Griff. An. King.l, t. IX, p. 25.
Varanus ocellatus Rüpp., Att. Reis. Nord. Afrik., p. 21, t. VI.
— Dum. et Bib., Erp. Gen., t. III, p. 496.

Yale. — Peu commun. — Bakel, Makana, Arondou, Bakoy, Gouina, Thionk, Safal, Leybar, Khaza, Babaghay, M'Bilor, Gahé, N'Baroul.

Le *Monitor ocellatus* paraît spécial à la Sénégambie et à l'Abyssinie.

Gen. HYDROSAURUS Gray.

42. HYDROSAURUS MUSTELINUS Borre.

Hydrosaurus mustelinus Borre, Bull. Ac., Sc. Belgique, t. XXIX, 1870, p. 122.

Yale. — Très rare. — Gambie, Casamence, marigots de Cagnout, de Ghimberinghe et de l'Ile aux Chiens.

Nous rapportons avec certitude à cette espèce, décrite d'après un exemplaire provenant de la côte de Guinée, un Varan de 1m10, que nous devons à l'obligeance de notre ami regretté le Capitaine Daboville.

Il se distingue de tous les autres Varans : par sa forme générale beaucoup plus svelte, par sa tête très allongée, pointue, à narines très rapprochées du bout du museau et par sa coloration particulière.

Avec M. Borre, nous le classons dans le genre *Hydrosaurus,* dont il est jusqu'ici le seul rerésentant Africain (1).

CHELOPODI Dum. et Bib.

RHIPTOGLOSSI Wiegm.

Fam. **CHAMÆLEONIDÆ** Gray (2).

Gen. **CHAMÆLEON** Laur.

43. CHAMÆLEON CALYPTRATUS A. Dum.

Chamæleon calyptratus A. Dum., Arch. Mus., t. VI, p. 259, pl. XXI.
— Gray, P. Z. S. of Lond., 1864, p. 468.

---

(1) Dumeril et Bibron, dans l'exposé de la distribution géographique des Varans (*loc. cit.*, p. 462), indiquent comme ayant été recueilli au Sénégal, leur *Varanus Picquotii,* puis, après avoir décrit cette espèce, ils lui donnent pour patrie le Bengale (*loc. cit.*, p. 486).

Bien que le *Varanus Picquotii* ne soit en aucune façon Sénégambien, nous devons signaler une contradiction qui, dans certain cas, pourrait conduire à de fâcheuses erreurs.

(2) Les raisons précédemment invoquées en faveur de la séparation des Varans d'avec les vrais Lacertiliens, sont non moins probantes quand il s'agit des Caméléons : « Ces animaux, disent Dumeril et Bibron (*Erp. Gen.*, t. III, p. 153), sont d'une structure si bizarre et si différente de celle des autres Reptiles, *qu'il faudrait presque les séparer de tous les autres Sauriens.* »

« Cependant, ajoutent-ils (*loc. cit.*, p. 154), nous rappellerons les caractères essentiels qui ont servi à tous les auteurs pour les ranger parmi les Lézards : ils n'ont pas de carapace comme les Chéloniens ; ils ont constamment quatre pattes qui n'existent pas chez les Ophidiens ; enfin, leurs doigts sont munis d'ongles acérés que les Batraciens n'offrent jamais. Ce sont donc des Sauriens. »

Il serait superflu de réfuter une argumentation aussi singulière pour ne pas dire plus !

Plus récemment, Huxley affirme également la différenciation des Caméléons et des Lacertiliens : « It is in the structure of the cranium, dit-il (*loc. cit.*,

Nonsy. — Peu commun. — Makandianbongou, Kita, Guettala, Matam, M'Boul.

Les exemplaires de cette espèce, décrite par A. Dumeril, provenaient de la région du Nil; elle habite également la haute Sénégambie ainsi que l'établissent les spécimens des localités précédemment indiquées; c'est par erreur que Gray l'indique à Madagascar, d'après les types du Muséum de Paris.

Le Naturaliste Anglais affirme, dans les préliminaires de sa monographie (*loc. cit.*, p. 465), qu'il existe des variations considérables dans la hauteur et le développement des crêtes occipitales de certaines espèces; en prenant ces variations comme caractère spécifique, on éprouve, dit-il, un grand embarras pour la détermination : « This should make one careful in using the height of the crest as a character », il ne faut donc pas en tenir compte, car l'élévation de la crête est une conséquence de la rétraction des muscles, chez les individus élevés en captivité ou soumis à un long jeûne : « This often arises from the animals having been kept in confinement without (or with only a very limited supply) of food, until the muscles have shrunk », conditions dans lesquelles se sont trouvés beaucoup de spécimens conservés dans les collections : « more especially as many of the specimens in Museums have been kept alive in confinement either in the country which they naturally in habit or in some other, as collectors like to have them alive as pets. »

La variabilité de la crête occipitale est loin d'avoir l'importance

---

p. 231), that the Chameleonidæ depart most completely from the ordinary Lacertilian type. »

Pour nous, les caractères si tranchés du groupe aberrant des Caméléons ne permettent pas de les maintenir plus longtemps parmi les Lacertiliens proprement dits; ils doivent donc former un ordre à part que nous inscrivons sous le nom de *Chelopodi*, mot à l'aide duquel Dumeril et Bibron ont désigné leur groupe de Sauriens Chelopodes; la division unique des *Chelopodi* que comprendra notre ordre : les *Rhiptoglossi*. De Wiegmann fait allusion au caractère si remarquable de la langue de ces Reptiles.

Les genres de la famille des *Chamæleonidæ*, tels que Gray les définit (*P. Z. S. of Lond.*, 1864, p. 467), nous semblent fondés sur des caractères d'une valeur assez grande pour que nous ayons songé à les adopter.

que Gray lui prête; *plus forte* chez le *mâle, plus faible* chez la *femelle,* et cela d'une manière invariablement fixe, comme des centaines d'individus nous l'ont démontré, il faut y voir un *caractère de sexe;* la hauteur ou la briéveté relative de la crête occipitale ne causent donc nul embarras dans la détermination et Gray lui-même, malgré ses critiques sur ce *caractère variable,* ne l'a pas négligé pour distinguer ses espèces.

Les mêmes réflexions sont applicables aux prolongements cutanés des diverses régions de la tête de plusieurs types, toujours plus développés chez les mâles que chez les femelles, malgré l'opinion contraire de Gray (*loc. cit.*), d'Hallowell (*Journ. Ac. Nat. Sc. Philad.,* t. VII, p. 99), de A. Dumeril (*Arch. Mus.,* t. X, p. 174), etc. (1).

Quant au jeûne ou à la captivité, causes de la hauteur ou de la briéveté de la crête occipitale, nous n'en tiendrons aucun compte, l'objection de Gray est tellement puérile, qu'il serait plus puéril encore de chercher à la réfuter.

44. CHAMÆLEON CINEREUS Aldr.

Chamæleon cinereus Aldr., Quadr. Ovip., p. 670.
Chamæleo vulgaris var. A. Dum. et Bib., Erp. Gen., t. III, p. 204.
Chamæleon vulgaris Gray, P. Z. S. of Lond., 1864, p. 469.

Nonsy. — Peu commun. — M'Boul, Guettala, Matam, Mélacorée, Gambie.

L'aire d'habitat du *Chamæleon vulgaris* Auctor. serait des plus vastes, puisqu'on lui assigne pour patrie le Sud de l'Europe, le

---

(1) Nous invoquerons, à l'appui de notre manière de voir, les observations de Gunther relatives à son *Chamæleon montium* des monts Camcroons, où l'on voit chez le mâle adulte : « two nearly straight pointed horns, the occiput flat, with a semi elliptical or semiovale outline and without lateral lobes »; tandis que chez la femelle adulte : « The two frontal horns are ruduced to two conical proeminences and the occiput is much less produced (*P. Z. S. of Lond.,* 1874, p. 442). » Il est impossible de prouver plus péremptoirement la fausseté des allégations de Gray, etc.

Nord de l'Afrique, l'Égypte, Tunis, Tripoli, Alger, le Sud de l'Afrique, l'Asie Mineure, l'Inde, Calcutta, le Japon, etc., etc.

Plusieurs Herpétologistes, à l'exemple de Dumeril et Bibron (*loc. cit.*), reconnaissent cependant dans cette espèce : « deux *races* ou *variétés* bien distinctes l'une de l'autre, tant par les pays qu'elles habitent, que par des différences dans les détails de leur organisation extérieure. »

Du moment où il existe réellement des différences dans l'organisation des types, du moment où l'un est localisé en Afrique, par exemple, l'autre en Asie, et qu'ils constituent, de l'avis même des auteurs, des *races locales,* ils doivent être *différenciés ;* aussi inscrivons-nous sous le nom de *cinereus,* qualificatif le plus anciennement imposé, le type Africain ; tandis que le type Asiatique devra être désigné sous le nom d'*Indicus,* afin de bien préciser les contrées où il habite.

Il est unanimement reconnu que la variété ou race *A,* de Dumeril et Bibron, notre *Chameleon cinereus,* se rencontre plus particulièrement « sur toute l'étendue des côtes Africaines baignées par la Méditerranée (Dum. et Bibr., *loc. cit.*); Gray l'indique au Nord de l'Afrique, au Sud du même continent, en Égypte ; à ces localités nombreuses, il faut ajouter l'Abyssinie, où il a été recueilli par Lefebvre, et le Gabon, comme le témoignent les spécimens capturés dans cette contrée par M. Aubry Lecomte et déposés dans les Galeries du Muséum.

Malgré une comparaison attentive, Gray nous apprend qu'il lui a été impossible de distinguer le type Africain du type Asiatique ; en revanche il a pu établir une variété *marmoratus,* sur un individu en alcool, portant des marbrures noires irrégulières.

Laissant pour ce qu'elle vaut la variété *marmoratus* de Gray, et reconnaissant sans efforts les caractères différentiels des deux types, caractères parfaitement établis par Dumeril et Bibron (*loc. cit.,* p. 208), nous les reproduisons tels qu'ils ont été donnés par les deux savants Naturalistes.

« Les individus de la variété *B* (*Indicus*), disent-ils, diffèrent de ceux de la variété *A* (*cinereus*), en ce que leur casque est plus haut et plus long ; en ce que les appendices cutanés existant de chaque côté de l'occiput, sont moins développés ; enfin, en ce que les crêtes qui règnent sur le dessus et le dessous du corps se composent de dentelures plus longues, plus coniques et plus écartées; celles de ces dentelures en particulier qui se voient sous la gorge, sont très fortes et très pointues. »

Nous ne parlerons pas de la coloration, les sujets conservés en alcool fourniraient trop de *variétés marmoréennes*.

45. CHAMÆLEON SENEGALENSIS Gray.

Chamæleon Senegalensis Gray, Cat. Brit. Mus., p. 266.
Lacerta chamæleon Gm., Syst. Nat., p. 1069.
Chamæleo Senegalensis Daud., H. N. Rept., t. IV, p. 203.
        —   Dum. et Bib., Erp. Gen., t. III, p. 221.
Le Caméléon du Sénégal Cuv., R. An., t. II, p. 60.

Kakatorjh. — Très commun. — S'observe dans toute la Sénégambie.

Le Caméléon du Sénégal habite les plaines arides et la lisière des bois; c'est surtout à Sorres, Thionk, Babaghaye, Dakar-Bango, Diouk, etc., que nous l'avons le plus fréquemment observé (1); tapi sur les branches des arbrisseaux, la crête abdominale appliquée sur le rameau qu'il a choisi, la queue enroulée autour de ce support, il reste des journées entières sans mouvement, roulant nonchalamment ses globes oculaires indépendemment mobiles, d'où s'échappe un regard atone, seul indice révélateur de son existence.

Sa teinte générale est le plus habituellement d'un vert clair, jaunâtre par places, ou d'un violet pâle irrégulièrement tacheté de gris et de brun; contrairement à l'opinion la plus accréditée, les objets environnants n'influent en rien sur son système de co-'oration *à l'état de repos*. Pour Dumeril et Bibron, au rapport des Voyageurs (*loc. cit.*, p. 170-171), « l'état coloré ordinaire approche en général de la teinte des écorces des arbres, ou de celle des branches sur lesquelles l'animal reste perché, quant il n'a pas

---

(1) Tout ce que nous rapportons, relativement à cette espèce, s'applique indifféremment aux autres Caméléons Sénégambiens.

pris la nuance des feuilles, au milieu desquelles il semble chercher à masquer sa présence. »

Nos observations multiples ne nous ont fourni rien de semblable ; que le Caméléon soit caché sous les feuilles d'un vert
olivâtre du *Gossypium punctatum* Schum., ou sur les branches
noires du *Zyziphus Baclei* D. C., ou bien encore sur les ramus-
cules rougeâtres du *Chrysocalix rubiginosa* Perry, les teintes
précitées nous ont toujours paru les mêmes.

La propriété devenue proverbiale, dont jouirait le Caméléon,
de varier volontairement et à l'infini, son mode de coloration, est
loin d'atteindre le degré de puissance que presque tous les
auteurs lui ont accordé sans examen ; seules la surprise ou la
crainte provoquent quelques changements : le dos et les flancs
se marbrent de taches brunes ou violettes, souvent de longues
bandes étroites d'un vert obscur ou d'un rose sale règnent plus
particulièrement sur la région abdominale ; là se borne cette
faculté que bien d'autres Lacertiliens moins célèbres possèdent
à un degré parfois plus accentué et plus appréciable.

L'explication physiologique du changement de couleurs du
Caméléon est trop connue aujourd'hui, grâce aux travaux de
MM. H. Milne Edwards (l'*Institut,* 1834, p. 21) ; P. Bert (C. R. Ac.
Sc., 1875, t. LXXXI, p. 938) ; E. Bücrke (*Wien. Denksch,* 1857) ;
Krukenberg (*Vergleich. Physiol. Stud. tabth. Heidelberg,* 1880) ;
pour qu'il soit utile de l'examiner ici ; il convient néanmoins de
citer l'opinion peu connue d'Adanson sur le même sujet, car le
génie du célèbre Voyageur Français, trop souvent à dessein, rejeté
dans l'ombre, lui avait fait pour ainsi dire entrevoir la cause
première du phénomène histologiquement traduit à l'heure
actuelle.

Les jeunes Caméléons, dit Adanson (*Cours H. N.,* éd. Payer,
t. II, p. 36), sont d'un jaune vert, les adultes sont d'un jaune gris
et les vieux d'un brun noir. Il est bien étonnant que l'on ait dit
jusqu'ici que cet animal change de couleur à chaque instant et
que son corps prend toutes les teintes de celles qu'on lui présente,
au point que le public le regarde comme le symbole des flatteurs
et des courtisans auxquels il a coutume d'appliquer son nom. Si
les Naturalistes avaient bien observé cet animal, ils auraient
remarqué que ce changement si célébré, et attribué à ses passions
intérieures, à la crainte, à la colère. à la joie, à ses gentillesses,

même, ne dépend que de la tension ou du relâchement de sa peau dont la structure bien connue et mieux examinée, aurait donné le dénouement de cette prétendue merveille; voici en quoi elle consiste : sa peau est chagrinée ou composée de petits tubercules assez égaux qui, dans l'état naturel de tranquillité, se touchent les uns les autres, et qui au contraire lorsque la peau s'étend, se trouvent écartés et séparés les uns des autres par un intervalle qui est brun, plus clair dans les jeunes que dans les vieux. Or les tubercules qui forment le chagrin des jeunes, étant jaune vert, ceux des adultes jaune gris, et ceux des vieux étant brun noir, ces derniers en enflant ou désenflant leur peau lorsqu'ils se mettent en colère, ne changent pas sensiblement de couleur; les adultes sont mêlés de brun et de jaune gris; pendant que les jeunes passent du jaune vert, au brun ou au cendré clair. »

D'un caractère doux et indolent, le Caméléon ne cherche jamais à fuir ni à mordre la main qui le saisit; dans le paroxysme de sa tranquille colère, il se borne à distendre sa gorge et à faire entendre une sorte de souffle comparable au bruit de l'air faiblement dirigé sur une flamme.

Après avoir saisi sa proie à l'aide de sa langue protractile, le Caméléon ne l'avale pas « de la même façon que le font les Grenouilles », suivant l'expression de Dumeril et Bibron (*loc. cit.*, p. 174); quand l'Insecte saisi est de petite taille, il est englouti dans la vaste cavité buccale qui se referme hermétiquement après être restée entr'ouverte pendant la manœuvre de la projection, mais quand l'Insecte est d'une taille assez forte, et c'est toujours le préféré, on observe une véritable mastication; cette mastication est lente, c'est par un mouvement ondulatoire des mâchoires, se croisant de droite à gauche, que le broiement analogue à l'acte de la rumination est effectué.

Essentiellement grimpeur, ainsi que l'indiquent la structure des pattes et de la queue, « on conçoit, disent Dumeril et Bibron (*loc. cit.*, p. 193), que lorsque le Caméléon est descendu sur le sol, où posé sur une surface plane, il éprouve la plus grande difficulté dans sa marche. »

Le Caméléon se comporte sur le sol de la même manière que sur les branches des végétaux, ce sont les mêmes hésitations, les mêmes tâtonnements; à l'aide de ses pattes antérieures il explore le terrain, mais avec une allure remarquablement plus vive.

comme s'il reconnaissait que ce sol uni le garantit de toute chute; dans ces conditions, la queue est roidie et courbée en sens inverse de son enroulement habituel, faisant office de balancier et ondulant de droite à gauche à chaque impulsion des pattes.

Malgré nos recherches nous n'avons pu saisir le moment de l'accouplement chez le Caméléon. « Les mâles, d'après Dumeril et Bibron (*loc. cit.*, p. 190), ne recherchent les femelles qu'à l'époque de la fécondation, et les individus se séparent quand cet acte a eu lieu, de sorte que *les mâles ne s'occupent en aucune manière de leur progéniture.* »

Nous ignorons si le Caméléon fait exception parmi les Reptiles chez lesquels le sentiment de la paternité, même rudimentaire, n'a pas encore été observé, mais nous pouvons affirmer que chez cet animal l'affection maternelle est nulle, et que son mode de nidification, ses prévoyances, son soin pour les œufs déposés, particularités décrites par Vallisneri et Cestoni (*Istoria del Cameleonte Africana,* 1696), plus tard reproduites par A. Dumeril (*Notice Hist. sur la Ménagerie des Reptiles,* Arch. mus., t. VII, p. 211, 1854), sont absolument contraires à la vérité.

La femelle du Caméléon, en effet, « ne se traîne pas en tournoyant sur le sable sans s'arrêter; elle ne gratte point le sol avec ses jambes antérieures, pour y façonner une fosse de quatre pouces de diamètre sur six de profondeur; elle ne recouvre point ses œufs une fois pondus, avec les déblais en se servant uniquement de sa patte antérieure droite, comme font les chats quand ils veulent cacher et recouvrir leurs ordures; et elle n'amoncelle pas des feuilles sèches, de la paille et de menus branchages secs pour former une sorte de toit sur cette hutte. »

Moins prévoyante, elle se contente, quand le besoin de la ponte se fait sentir, de descendre de l'arbuste sur lequel elle a élu domicile, pour déposer sur le sable au pied même de l'arbuste, environ soixante à quatre-vingt œufs (non pas trente, Dum. et Bib., *loc. cit.*), ovoïdes de forme identique à ceux de notre *Lacerta muralis,* quoique plus petits, et comme eux à coque molle, élastique et non pas calcaire (Dum. et Bib., *loc. cit.*).

Les œufs ainsi déposés, elle les abandonne à l'influence des rayons solaires, puis elle remonte sur la branche un instant quittée, où elle va continuer sa vie en quelque sorte végétative, sans se soucier davantage des germes dont indifféremment elle s'est débarrassée uniquement pour obéir à la loi inflexible qui la régit.

Comme tous ses congénères Sénégambiens, le *Chamæleon Senegalensis* passe, aux yeux des Naturels, pour un animal des plus dangereux; c'est avec une grande défiance qu'ils s'en emparent quelquefois en prenant des précautions infinies; si le Kakatorjh crache aux yeux, celui à qui ce malheur arrive ne tarde pas à être aveugle, dès lors force Grigris ont été inventés pour se préserver du funeste Reptile.

46. CHAMÆLEON GRACILIS Hallow.

Chamæleon gracilis Hallow., Jour. Ac. N. Sc. Philad., t. VIII, p. 324.
       —   Gray, P. Z. S. of Lond., 1864, p. 471.
       —   A. Dum., Arch. Mus., t. X, p. 173.

Kakatorjh. — Assez commun. — Leybar, Thionk, Dakar-Bango, Diouk, Joalles, Cap-Vert.

M. Barboza du Bocage considère le *Chamæleon gracilis*, comme identique au *Chamæleon Senegalensis*, et dans ses diagnoses de quelques espèces nouvelles de Reptiles de l'Afrique occidentale (*Jorn. Sc. Lisb.* 1872, n° XIII, p. 7), il se borne à le donner en synonymie de ce dernier, sans expliquer les raisons qui l'ont conduit à réunir les deux espèces.

Pour nous, comme pour un grand nombre de Naturalistes, le *Chamæleon gracilis* se distingue de son congénère par un casque plus large et aigu en arrière, par le volume plus considérable des granulations de la peau, et par le peu de longueur et la petitesse relative des denticulations du dos et de l'abdomen.

47. CHAMÆLEON AFFINIS Gray.

Chamæleon affinis Gray, Ann. aud Mag. Nat. Hist., 1863, p. 248.
      —   *Abyssinicus* Fitz, Syst. Rept., p. 43.

Nonsy. — Rare. — Kita, Bakel, Falémé, Matam, M'Boul.

Nous devons la connaissance de cette espèce Abyssinienne, dans le Nord-Est de la Sénégambie, à notre excellent ami M. le Dr L. Savatier, Médecin en chef de la Marine.

48. CHAMÆLEON GRANULOSUS Hallow.

Chamæleon granulosus Hallow, P. Ac. N. Sc. Philad., 1856, p. 147
—   Gray, P. Z. S. of Lond., 1864, p. 472.

Onwongoly. — Assez rare. — Gambie, Casamence, Mélacorée, Bathurst, Ile aux Chiens, Albreda.

49. CHAMÆLEON DILEPIS Leach.

Chamæleon dilepis Leach, Bowdich, Ashantee, App. IV, p. 493.
—   Peters, Nat. Reise N. Mossambique, 1882, p. 21.
—   Gray, Cat. Brit. Mus., p. 266.

Kakatorjh. — Commun. — Thionk, Leybar, Diouk, Bakel, Saldé Joalles, Sainte-Marie, Albréda, Mélacorée.

Cette espèce, propre à toute la Sénégambie, existe également au Gabon, dans le Sud de l'Afrique, en Mosambique, etc.; son aire d'habitat s'étend sur la majeure partie du continent.

Gen. **PHUMANOLA** Gray.

50. PHUMANOLA NAMAQUENSIS Gray.

Phumanola Namaquensis Gray, P. Z. S. of Lond., 1864, p. 474.
Chamæleo Namaquensis Smith, Zool. Journ., 1831.
—   *tuberculiferus* Gray, Cat. Brit. Mus., p. 267.

Onwongoly. — Rare. — Mélacorée, Gambie, Casamence, Ghimberinghe, Samatite, Wagran, Gilfré.

Indiqué pour la première fois par Smith (*loc. cit.*), dans l'Afrique

Sud, ce Caméléon a été retrouvé dans la région d'Angola aux Mossamèdes; il ne remonte pas en Sénégambie, au delà de la Gambie.

Gen. **LOPHOSAURA** Gray.

51. LOPHOSAURA PUMILA Gray.

Lophosaura pumila Gray, P. Z. S. of Lond., 1864, p. 474.
Chamæleo pumilus Gray, Cat. Brit. Mus., p. 269.
Bradypodium pumilum Fitz., Syst. Rept., p. 43.

Onwongoly. — Rare. — Vit dans les mêmes localités que l'espèce précédente.

Du Sud de l'Afrique et du Cap de Bonne-Espérance, cette espèce ne se rencontre que dans la basse Sénégambie; nous devons au Capitaine Daboville, un exemplaire capturé sur les bords de la Casamence.

Gen. **BROOKESIA** Gray.

52. BROOKESIA SUPERCILIARIS Gray.

Brookesia superciliaris Gray, P. Z. S. of Lond., 1864, p. 477.
Chamæleo Brookesianus Gray, Cat. Brit. Mus., p. 270.
     —   *Brookesi* Fitz., Syst. Rept., p. 43.
     —   *superciliaris* Kuhl., Beitr. Zool, p. 102.

Nonsy. — Rare. — Mackana, Guellé, M'Boul, Ouarkhokh, Guettala, Kita.

M. Barboza du-Bocage (*Journ. Sc., Lisb.*, 1872, p. 7) fait observer que Gray indique cette espèce comme habitant l'Afrique Occidentale (*loc. cit.*), bien que Dumeril et Bibron lui aient donné Madagascar pour patrie; et que « devant une assertion si positive

le Zoologiste de Londres doit posséder sans doute des preuves ».
Pas plus que M. Barboza du Bocage nous ne connaissons les
preuves sur lesquelles Gray s'est fondé, mais la présence du
Brookesia superciliaris dans la haute Sénégambie, où nous l'avons
capturé, et d'où M. le Dr Colin nous l'a envoyé, confirme l'assertion de Gray.

Gen. **TRICERAS** Gray.

53. TRICERAS OWENII Gray.

Triceras Owenii Gray, P. Z. S. of Lond., 1864, p. 477.
Chamæleo Owenii Gray, Cat. Brit. Mus., p. 269.
Chamæleon Owenii Fitz., Syst. Rept., p. 102.
      —   *Bibroni* Martin, P. Z. S., of Lond., 1838, p. 64.

Onwongoly. — Rare. — Mélacorée, Gambie, Casamence, Gilfré,
Samatite, Ile aux Chiens.

Bien que Fernando-Po soit considéré comme possédant en
propre le *Triceras Owenii*, il n'en est pas moins vrai, que l'espèce
se rencontre également dans la basse Sénégambie; nous avons
déjà cité de nombreux exemples de la présence des animaux de
cette île sur différents points de la région que nous étudions,
preuve à ajouter à tant d'autres, de l'immense dispersion des
espèces sur le continent Africain.

Gen. **CYNEOSAURA** Gray.

54. CYNEOSAURA PARDALIS Gray.

Cyneosaura Pardalis Gray, P. Z. S. of Lond., 1864, p. 479
Chamæleo Pardalis Gray, Cat. Brit. Mus., p. 266.
Bradypodium Pardalis Fitz., Syst. Rept., p. 43.

Nonsy. — Rare. — Kita, Bakel, M'Boul, Saldé, Dagana.

Les observations concernant l'espèce précédente, sont de tous
points applicables au *Cyneausaura Pardalis*.

LACERTILII Opp. (1)

PACHYGLOSSI Wieg.

Fam. PLATYDACTYLIDÆ A. Dum. et Boc.

Gen. PLATYDACTYLUS Cuv.

55. PLATYDACTYLUS MURALIS Dum. et Bib.

Platydactylus muralis Dum. et Bib., Erp. Gen., t. III, p. 319.
Lacerta mauritanica Lm., Syst. Nat., p. 1061.
Ascalabotes mauritanicus C. Bp., Faun. Ital., p. sans numéro.
Platydactylus fascicularis Gray, Synop. in Griff. An. Kingd., t. IX,
p. 48.
Le Geckotte Lacép., H. N. Quad. Ovip., t. I, p. 420.
Le Gecko des murailles Cuv., R. An., t. II, p. 52.

Hounck. — Assez rare. — Argain, Agnitier, Cap Blanc, Cap Mirik,
Aleb, Elimani, Jarra, Grasser-El-Barka, pointe des Chameaux.

Cette espèce, propre à la région Méditerranéenne, habitant

---

(1) Les Varans et les Caméléons ayant été séparés des vrais Lacertiliens,
pour les raisons précédemment invoquées, nous inscrivons, en tête de l'ordre
des *Lacertilii*, les Geckos ou Ascalabotes, suivant la méthode la plus générale-
lement adoptée.

« La conformation de la langue, plus importante que la forme et le mode de
fixation des dents, fait observer Claus (*Trait. Zool.*, 2ᵉ édit. Franç., 1884,
p. 1328), sert à caractériser les divers groupes composant l'ordre des Lacertiliens. » Les classifications de Wagler, Wiegmann et de M. Cope, basées sur
cette conformation de la langue, sont celles que nous avons suivies.

MM. A. Duméril et Bocourt, dans la partie Herpétologique du grand ouvrage
sur la Mission scientifique au Mexique (1863, p. 39), ont dû modifier la classification du groupe des Geckotiens, établie par Cuvier et suivie par les auteurs

également l'Égypte et les côtes de Barbarie, doit être comprise dans la faune Herpétologique Sénégambienne.

Jamais elle ne s'écarte de la partie Nord-Ouest du littoral; la présence en Sénégambie, de types Sahariens et des côtes de Barbarie, déjà souvent démontrée, peut expliquer la présence du *Plactydactylus muralis* sur des points où le mélange de ces types s'est effectué; d'un autre côté, sachant combien le transport des Geckotiens, dans des localités les plus éloignées de leur centre d'habitat, est facile, en raison même de leur constitution propre, rien ne s'oppose à ce que quelques individus de l'espèce Européenne, apportés par une cause quelconque sur le littoral Sénégambien, s'y soient acclimatés et propagés aussi facilement qu'en Australie où l'espèce a été également introduite.

56. PLATYDACTYLUS ÆGYPTIACUS Cuv.

Platydactylus Ægyptiacus Cuv., R. An., t. II, p. 52.
      —   Dum. et Bib., Erp. Gen., III, p. 322.
Tarentola Ægyptiaca Gray, Cat. Liz. Brit. Mus., p. 165, 1845.
Le Gecko annulaire I. G. St-Hil., Egypt. Rept. H. N., pl. V, f. 57.

Hounck. — Assez commun. — Saint-Louis, Sorres, Guet-N'Dar, Thionk, Leybar, M'Bao, Han, Rufisque, Dakar, Gorée.

Steindachner (*Sb. Akad. Wien.* 1870, vol. LXII, p. 328) indique cette espèce à Dagana et à Gorée.

---

de l'*Erpétologie Générale*. Les sept genres de Duméril et Bibron, considérablement augmentés depuis par suite des découvertes nouvelles, sont, dès lors, devenus les types de sept grandes divisions ; ces divisions ne suffisent plus aujourd'hui (10 mai 1884); nous les avons cependant adoptées pour les Geckotiens de la Sénégambie, la Science ne possédant pas, à l'heure actuelle, de travail général sur ce groupe difficile de Lacertiliens. Toutefois, nous ferons certaines réserves, à cause même de la prochaine publication du *Catalogue des Geckotiens*, de M. Boullenger, en voie d'exécution ; attendre l'apparition de cet ouvrage, eût trop longtemps retardé la publication du nôtre, nous passons outre, tout en reconnaissant que des modifications devront être apportées, plus tard, dans l'exposé de nos espèces ; nous aurons soin, du reste, d'en tenir compte en temps opportun.

Le *Plactydactylus Ægyptiacus* habite les cases des Nègres, collé le long des tapates ou aux toits en roseaux ; il est excessivement redouté ; son urine, disent les Nègres, est un violent poison, aussi se gardent-ils bien de le toucher, ils le craignent, mais ils le tolèrent ; pour lui, indifférent, il se borne à saisir les Cancrelats et les Moustiques, si communs en Sénégambie, et dont il fait sa nourriture principale. Tous les Geckotiens de la Sénégambie partagent avec lui le privilège d'inspirer aux naturels une crainte superstitieuse.

57. PLATYDACTYLUS DELALANDII Dum. et Bib.

Platydactylus Delalandii Dum. et Bib., Erp. Gen., III, p. 324.
Tarentola Delalandii Gray, Cat. Liz. Brit. Mus., p. 165, 1864.

Hounck. — Peu commun. — Pointe de Dakar, Portendick, Argain, Agnitier, les deux Mamelles, Gasser-el-Barka, Elimané.

Découverte pour la première fois à Ténériffe, par Delalande, cette espèce, retrouvée plus tard à Madère, habite plus particulièrement la région littorale. Un exemplaire Sénégambien, donné au muséum de Paris par Gallot, existe dans les galeries d'Herpétologie.

Gen. PACHYDACTYLUS Wiegm.

58. PACHYDACTYLUS BIBRONI Smith.

Pachydactylus Bibroni Smith, Illustr. Zool. S. Afr., tab. L, f. 1.
— Peters, Nat. Reise. N. Mossambique, p. 25, 1882.

Hounck. — Rare. — Mélacorée, Gambie, Casamence, Ile aux Chiens, Dianoch, M'Boul, Kita, Bakel, Dagana, Macandianbongou.

L'aire d'habitat de cette espèce paraît assez étendue, car, indépendamment des localités où nous l'indiquons et où sa

présence n'avait pas été jusqu'ici constatée, elle a été observée au
Cap, dans le Damara, le Benguela, Boror et sur les côtes de
Zanzibar.

59. PACHYDACTYLUS CEPEDIANUS Peters.

Pachydactylus Cepedianus Peters, Nat. Reise. N. Mossambique,
p. 27.
Platydactylus Cepedianus Dum. et Bib., Erp. Gen., t. III, p. 301.
Pelsuma Cepediana Gray, Cat. Liz. Brit. Mus., 1845, p. 166.
Gecko Cepedianus Merr., Amph., p. 43, sp. 16.
Le Gecko Cepedien Cuv., R. An., t. II, p. 46, pl. V, f. 5.

Hounck. — Asssz rare. — Kita, Bakel, Podor, environs du lac de
Paguefoul, Mont Fouti, Bandoubé, Taalari, Gangaran, Banionkadougou, Kouguel, Arondou.

Le *Pachydactylus Cepedianus,* de Madagascar, Maurice, Bour-
bon, parages où il a été d'abord découvert, recueilli ensuite aux
Comores, à Zanzibar et en Mozambique, se montre dans la haute
Sénégambie, d'où il nous a été rapporté par M. le Dr L. Sava-
tier.
La comparaison de nos échantillons avec ceux provenant de
Madagascar, de Bourbon et de Zanzibar, ne nous a fourni aucun
caractère propre à les différencier.

Gen. **COLOPUS** Peters.

60. COLOPUS WAHLBERGII Peters.

Colopus Wahlbergii Peters, Monat. Ak. d. Wissens, Berlin, 1869,
p. 57.

Hounck. — Rare. — Kita, Bakel, Podor, Gangaran, Bandoubé.

Cette espèce de l'Afrique Australe habite la haute Sénégambie,
où elle a été découverte par M. le Dr Colin.

Gen. **ASCALABOTES** Fitz.

61. ASCALABOTES GIGAS B. du Boc.

(Pl. VIII, fig. 1.)

Ascalabotes gigas B. du Boc., J. Sc., Lisb., 1875, n° 18.

Assez commun. — Ilheo Raso, archipel du Cap Vert (*Teste*, Barboza du Bocage); Ilheo Branco, campagne du Talisman.

Cette espèce remarquable, dont la taille atteint 0,236^{mm}, décrite pour la première fois, par M. Barboza du Bocage, est localisée sur quelques îlots déserts de l'archipel du Cap Vert; sa découverte à l'Ilheo Raso est due à M. le Dr Hopffer; depuis elle a été capturée à l'Ilheo Branco, par les Naturalistes de la campagne du Talisman; nous figurons un des spécimens recueillis, grâce à la bienveillante obligeance de M. le Professeur L. Vaillant.

Fam. **CHILIKIODACTYLIDÆ** Rochbr.

Gen. **DACTYCHILIKION** Thomin.

62. DACTYCHILIKION BRACONNIERI Thomin.

(Pl. IX, fig. 1-2.)

Dactychilikion Braconnieri Thomin., Bull. Soc. Philom., 27 juillet
1878, p. 250.

D. — SQUAMÆ DORSI ET ABDOMINIS MINUTISSIMÆ, HEXAGONÆ; FRONTIS ET ROSTRI, LATIORES, SUBROTUNDATÆ; DIGITI SPATULATI, SQUAMÆ HYPODACTYLORUM, LAMELLOSÆ, TRANSVERSALES, MARGINE POSTERIORE TENUISSIME FIMBRIATÆ; SUPRA MARGARITACEUS, VIOLACEO CŒRULESCENTE MARMORATUS; HUMERI, FEMORESQUE, FASCIIS CŒRULESCENTIBUS, DISTANTIBUS, ORNATIS; CAUDA GRACILIS, VIOLACEO CŒRULESCENTE ANNULATA; SUBTUS LUTEO ALBUS; PORI FEMORALES, ANALESQUE, NULLI.

Corps entièrement couvert d'écailles hexagonales excessivement petites, à l'exception de la partie antérieure du front et tout

le museau, où ces écailles acquièrent une largeur plus grande et
affectent une forme subarrondie; 8 plaques labiales supérieures,
6 inférieures, doigts spatuliformes à leur extrémité libre, très
grêles, allongés, à partie élargie, garnie en dessous de lamelles
transversales au nombre de 5-7, finement frangées chacune à leur
bord postérieur et offrant, par cette disposition, un aspect feutré;
teinte générale d'un gris de perle, rosé par places; régions supérieures ornées de marbrures nuageuses d'un violet bleuâtre pâle;
membres portant des bandes distantes de couleur bleuâtre;
queue grêle surtout à son extrémité, annelée de bandes étroites
et irrégulières, d'un violet bleuâtre pâle; parties inférieures d'un
blanc jaunâtre sale; aucuns pores aux cuisses et à la région
cloacale.

Longueur totale 0ᵐ090

Ekere. — Rare. — Lac de Pagnefoul, Saldé, environs de Podor.

Le genre *Dactychilikion,* proposé par M. Thominot, Préparateur
au Laboratoire d'Herpétologie, du Muséum de Paris, et dont nous
avons dû modifier la diagnose d'après l'échantillon que nous
possédons, a été établi sur un spécimen recueilli par Castelneau
et provenant du Lac N'Gami.

La présence d'une espèce de cette région, en Sénégambie,
pourrait laisser subsister jusqu'à un certain point des doutes
dans l'esprit de quelques Naturalistes timorés, si, d'une part,
l'immense dispersion des animaux de tous les ordres, sur le
continent Africain, n'était chose démontrée; si, d'autre part, les
Geckotiens, plus que tous les autres Reptiles, peut-être, n'étaient
connus comme destinés à subir l'influence de migrations que
l'on pourrait appeler forcées, à cause même de leur constitution
toute spéciale. Ce fait connu de tous, et qui, chaque jour, fournit
des preuves concluantes, n'a pas besoin de développements.

Le *Dactychilikion Braconnieri* a été jusqu'ici observé seulement
dans la région Nord-Ouest de la Sénégambie, nous devons de le
connaître, à M. Gasconi, député du Sénégal, que nous ne saurions
trop remercier pour tout l'intérêt qu'il ne cesse de porter à nos
études.

La disposition particulière des pelotes digitales de cette espèce remarquable, offre un caractère si nettement tranché, que le genre de M. Thominot doit, selon nous, devenir le type d'une division à établir dans le groupe des Geckotiens; en proposant la famille des *Chilikiodactylidæ,* nous avons employé à dessein les racines du genre, tout en en intervertissant l'ordre, afin de lui donner une désinence conforme à la nomenclature adoptée.

Fam. **HEMIDACTYLIDÆ** A. Dum. et Bib.

Gen. **HEMIDACTYLUS** Cuv.

63. **HEMIDACTYLUS VERRUCULATUS** Cuv.

Hemidactylus verruculatus Cuv., R. An., t. II, p. 54.
    —   Dum. et Bib., Erp. Gen., t. III, p. 359.
    —   L. Vaill., in Revoil Faune et Flore. Pays
        Çomalis, Rept., p. 16.

Oshesheli. — Commun. — Thionk, Leybar, Dakar-Bango, Diouk, Bakel, Dagana, Kita, Mélacorée, Albréda, Sedhiou.

64. **HEMIDACTYLUS GUINEENSIS** Peters.

Hemidactylus Guineensis Peters, Monat. Ak. d. Wissens., Berl.,
    1868, p. 641.
    —   B. du Boc., J. Sc. Lisb., 1873, n° 15.

Oshesheli. — Assez commun. — Mêmes localités que l'espèce précédente. Saint-Yago, archipel du Cap Vert (*Teste* Barboza du Bocage).

L'*Hemidactylus Guineensis,* très voisin de l'*Hermidactylus verruculatus,* appartient, comme lui, à la faune Sénégambienne. Comme le fait observer M. Barboza du Bocage, il se différencie de son congénère par des séries de tubercules dorsaux plus nombreux et moins régulièrement disposés; par un plus grand nombre de plaques labiales, par des plaques sous-digitales également plus nombreuses, et par le nombre et la disposition de ses pores fémoraux, 22 à 26, en séries continues.

65. HEMIDACTYLUS MABOUIA Cuv.

Hemidactylus Mabouia Cuv., R. An., t. II, p. 54.
      —   Dum. et Bib., Erp. Gen., t. III, p. 362.

Ibondhio. — Peu commun. — Matam, M'Boul, Khorkhol, N'Diago, Podor, Saldé, Gadieba, Yen, Kaarta.

L'aire d'habitat de cette espèce est considérable, car elle s'étend de l'Afrique Ouest, à Madagascar, aux îles Mascaraignes, à la Guyane, au Pérou, au Brésil et aux Indes. Il est de toute impossibilité de constater des différences, même les plus minimes, entre les types de ces diverses provenances. Les exemplaires Sénégambiens ne font pas exception, ils sont en tout semblables aux spécimens Américains et Asiatiques notamment.

Plusieurs Herpétologistes, Peters entre autres, seraient disposés à considérer l'espèce suivante comme remplaçant en Afrique l'*Hermidactylus Mabonia,* type qui, dès lors, serait étranger au continent; il n'en est rien, les deux formes, très voisines du reste, vivent pour ainsi dire côte à côte; l'une appartient en propre à l'Afrique, tandis que l'autre jouit d'une très grande dispersion.

66. HEMIDACTYLUS PLATYCEPHALUS Peters.

Hemidactylus platycephalus Peters, Monat. Ak. d. Wissens., Berl.,
                1854, p. 615.
       —   B. du Boc., J. Sc. Lisb., 1873, n° 15.

Ibondhio. — Peu commun. — Mêmes localités que l'espèce précédente.

Un des caractères principaux de cet Hémidactyle réside dans le nombre considérable des pores fémoraux chez les mâles.

67. HEMIDACTYLUS FRENATUS Schl.

Hemidactylus frenatus Schl., Mus. Leyd.
      —   Dum. et Bib., Erp. Gen., t. III, p. 366.

Ibondhio. — Assez rare. — Podor, Saldé, Kita, Guettala, Macadian-bongou.

Cette espèce semble se localiser en Sénégambie dans la région Nord-Est, d'où elle nous est parvenue par les soins de M. le Dr L. Savatier.

68. HEMIDACTYLUS CAPENSIS Smith.

Hemidactylus Capensis Smith, Illustr. Zool. S. Afr., tab. LXXV, f. 3
      —   Peters, Nat. Reise N. Mossambique, p. 28.

Ibondhio. — Rare. — Bakel, Falémé, Bakoy, Bafing, Kita, Guettala, M'Boul, Guellé.

Cet Hémidactyle, du Sud de l'Afrique, remonte dans la haute Sénégambie, où nous l'avons observé.

69. HEMIDACTYLUS AFFINIS Steind.

Hemidactylus affinis Steind., Sh. Akad. Vien., 1870, p. 328.

Ibondhio. — Assez commun. — Gorée, Dagana (*Teste*. Stein-dachner); Joalles, Rufisque, M'Bao, Thionk, Leybar, Podor, Saldé.

70. HEMIDACTYLUS BOUVIERI Bocourt.

(Pl. IX, fig. 3-4.)

Hemidactylus Bouvieri Bocourt, N. Arch. Mus., t. VI, 1870, Bull.,
             p. 17.
     —   *Cessacii* B. du Boc., J. Sc. Lisb., 1873, n° 15.

Assez commun. — Saint-Iago, archipel du Cap Vert, découvert par
M. de Cessac; île Saint-Vincent, même archipel, découvert par
M. Bouvier.

Le nom de *Bouvieri,* imposé à cette espèce par M. Bocourt,
devra prévaloir, comme antérieur de trois années, à celui de
Cessaci, employé par M. Barboza du Bocage, quand il sera
péremptoirement démontré que les deux types appartiennent
bien à la même espèce. Nous ne connaissons pas les spécimens de
Saint-Iago décrits par M. Barboza du Bocage, mais, comme sa
description diffère sous plusieurs rapports de celle de M. Bocourt,
des plus exactes et faite sur trois échantillons de Saint-Vincent que
nous avons sous les yeux, il est permis d'émettre des doutes sur
l'identité spécifique des uns et des autres.

La figure que nous donnons de l'*Hemidactylus Bouvieri* type,
nous dispense de reproduire la diagnose de M. Bocourt, pour
laquelle nous renvoyons au volume cité des Nouvelles Archives
du Muséum.

Gen. **LEIURUS** Gray.

71. LEIURUS ORNATUS Gray.

Leiurus ornatus Gray, Cat. Liz. Brit. Mus., 1845, p. 157.
Hemidactylus formosus Hallow, P. Ac. Nat. Sc. Philad., 1856, p. 156.

Ibondhio. — Assez rare. — Gambie, Casamence, Mélacorée, Albréda,
Ghimberinghe, Bathurst, Ile aux Chiens, Cagnac-Cay.

Cette espèce de Liberia se retrouve dans la basse Sénégambie;
nos types ne diffèrent pas de ceux décrits par Gray et par Hallowel.

Fam. **PTYODACTYLIDÆ** A. Dum. et Bib.

Gen. **PTYODACTYLUS** Cuv.

72. PTYODACTYLUS HASSELQUISTII Dum. et Bib.

Ptyodactylus Hasselquistii Dum. et Bib., Erp. Gen., t. III, p. 378.
Stellio Hasselquistii Schneid., Amph. Phys., part. II, p. 13.

Gecko ascalabotes Merr., Amph., p. 40.
Le Gecko des maisons Bor. St-Vinc., Dict. Class. H. N., t. VII, p. 182.
Ptyodactylus guttatus Rüpp., Reis. Nordl. Afrik. Rept., p. 13, tab. IV.

Oshesheli. — Assez commun. — Kita, Bakel, Dagana, Podor, Saldé, Pagnefoul, Diouk, Leybar, Thionk, Gambie, Casamence, Mélacorée, Albréda, Sedhiou.

Cette espèce, assez commune dans le Nord-Est de la Sénégambie, devient de plus en plus rare au fur et à mesure que l'on descend dans l'Ouest, et surtout dans le bas de la côte.

Gen. **RHOPTROPUS** Peters.

73. **RHOPTROPUS AFER** Peters.

Rhoptropus afer Peters, Monat. Ak. d. Wissens., Berlin, 1869, p. 59.
      —   B. du Boc., Jorn. Sc. Lisb., 1873, extr., p. 4.

Oshesheli. — Rare. — Kita, Bakel, Saldé, Mont Fouti.

Cette espèce, découverte d'abord au Damara, dans l'Afrique Australe, puis dans l'intérieur de Mossamèdes, a été observée en dernier lieu par M. le Dr Colin, dans la haute Sénégambie.

Gen. **UROPLATES** Fitz.

74. **UROPLATES FIMBRIATUS** Gray.

Uroplates fimbriatus Gray, Cat. Liz. Brit. Mus., 1845, p. 151.
Ptyodactylus fimbriatus Dum. et Bib., Erp. Gen., t. III, p. 381.
Gecko fimbriatus Daud., Hist. Rept., t. IV, p. 160, tab. LII.
La Tête plate Lacép., Hist. Quad. Ovip., t. I, p. 425, pl. XXX.
Le Gecko frangé Cuv., R. An., t. II, p. 56.

Ibondhio. — Assez commun. — Oualo, M'Boro, Gandiole, Diaoudoun, N'Diago.

« Cette espèce paraît être particulière à l'île de Madagascar, écrivent Dumeril et Bibron (*loc. cit.*), et nous ne voudrions pas affirmer qu'elle vive aussi au Sénégal, ainsi que l'ont avancé Lacépède et Daudin, d'après, disent-ils, le témoignage d'Adanson ; mais ils ne citent rien à l'appui de ce témoignage ; et nous n'avons nous-même rien retrouvé, ni dans les écrits de ce Voyageur ni dans les objets de notre Musée, provenant de sa collection, qui puisse nous le faire admettre. »

Lacépède et Daudin, malgré l'opinion de Dumeril et Bibron, ont eu raison d'invoquer le témoignage d'Adanson, et de considérer l'*Uroplates fimbriatus,* comme existant au Sénégal.

« Un Gecko du Sénégal, dit en effet Adanson (Cours H. N., éd. Payer, t. II, p. 40), diffère de celui qui habite les chambres (*cases*), en ce que sa queue est large, déprimée, aplatie horizontalement, et que *tout son corps et même sa tête, ses pattes et sa queue, sont bordés d'une membrane en crête frangée.* »

Cette description, bien courte il est vrai, mais parfaitement caractéristique, répond à celle de Dumeril et Bibron.

Une seconde preuve à ajouter à celle que nous venons de donner, est la découverte de ce Geckotien, faite par nous, dans plusieurs des localités plus haut énumérées.

Fam. **GYMNODACTYLIDÆ** A. Dum. et Bib.

Gen. **GYMNODACTYLUS** Spix.

75. **GYMNODACTYLUS SCABER** Dum. et Bib.

Gymnodactylus scaber Dum. et Bib., Erp. Gen., t. III, p. 421.
      —   *Geckoïdes* Spix, Lacert. Bras., p. 17, tab. XVIII.
Stenodactylus scaber Rüpp., Reis. Nordl. Afrik. Rept., p. 15, tab. IV,
        f. 2.

Ibondhio. — Assez rare. — Falémé, Bakoy, Kita, Podor, Saldé, Mont Fouti.

Les spécimens Sénégambiens ne diffèrent en rien de ceux d'Égypte, décrits par Rüppel.

76. GYMNODACTYLUS KOSCHYI Steind.

Gymnodactylus Koschyi Steind., Sb. Akad. Vien., 1870, p. 329.

Cette espèce, décrite par Steindachner (*loc. cit.*) comme nouvelle, est indiquée par cet auteur uniquement à l'île de Gorée. (*Teste*, Steindachner.)

77. GYMNODACTYLUS CRUCIFER Val.

Gymnodactylus crucifer Val., C. R. Ac. Sc., t. LII, 1861.
      —   L. Vaill., in Revoil. Faun. et Flor. Pays Comals, 1882, p. 17, pl. III, f. 1.

Ibondhio. — Rare. — Kita, Makadianbongou, Guettala, Makhana, Podor, N'Guer.

De l'Est de l'Afrique, cette espèce n'aurait pas été encore signalée en Sénégambie.

Gen. PRISTURUS Rüpp.

78. PRISTURUS FLAVIPUNCTATUS Rüpp.

Pristurus flavipunctatus Rüpp., Neue Wirb. Z. Faun. Abyss. Rept., tab. VI, f. 3.
Gymnodactylus flavipunctatus Dum. et Bib., Erp. Gen., t. III, p. 417.

Ekere. — Assez commun. — Mêmes localités que l'espèce précédente.

Cette espèce, comme le *Gymnodactylus crucifer*, nous est seulement connue dans la haute Sénégambie.

Gen. **PHYLLURUS** Cuv.

79. PHYLLURUS BLAVIERI Rochbr.

(Pl. IX, fig. 5-6.)

Phyllurus Blavieri Rochbr., Mss, 1881.

P. — CINNAMOMEUS, TUBERCULIS CONICIS LUTEIS SPARSUS; FASCIIS
4 LUTEIS CINCTUS; CAUDA CORDATA FUSCA, TUBERCULIS LUTEIS, LATIS,
PROEMINENTIBUS, CIRCULARITER DISPOSITIS, ARRECTA.

Tête ovale elliptique, écailles excessivement petites, mélangées
de tubercules coniques d'un beau jaune de Naples épars sur
toutes les régions supérieures et les membres; d'une teinte
uniforme fauve cannelle; quatre bandes transversales, également
d'un jaune de Naples, sont régulièrement distribuées, l'une dans
la région occipitale, l'autre, plus large, au niveau du cou, la troisième sur la région lombaire, et la dernière, un peu au-dessus du
point d'insertion de la queue; celle-ci cordiforme, courte, d'une
teinte brune et armée de forts tubercules disposés en couronnes
et diminuant de volume du sommet à la base.

Longueur totale............................... 0m070

Ekere. — Rare. — Saldé, Podor, Richard-Toll, Merinaghem.

Cette espèce remarquable nous a été donnée par M. le Capitaine
Blavier (aujourd'hui Colonel), auquel nous sommes heureux de
la dédier, en souvenir de nos excellentes relations pendant notre
séjour au Sénégal.

Le *Phyllurus Milliusi* est celui dont le *Phyllurus Blavieri* se
rapproche le plus, assez semblables entre eux par leur facies
général; notre espèce se distingue cependant de sa congénère
par sa tête moins trapue, plus elliptique, par le nombre des
plaques labiales, 10-8 et non 13-12; par la grosseur des tubercules
dorsaux, par la forme de la queue plus raccourcie, plus large, à
tubercules de dimensions relativement considérables, disposés

6

en couronne, et non pas courts et irrégulièrement répartis ; enfin
par son mode de coloration et sa taille plus petite.

Les auteurs donnent en général l'Australie, comme la patrie
du *Phyllurus Milliusi ;* un exemplaire de la Collection du Muséum
de Paris, inscrit sous le nº B. 1453-76-158, provenant de Madagascar
et donné par M. Lentz, offre si peu de différence avec les spécimens Australiens, qu'il n'est pas possible de les séparer.

Comme coloration, comme distribution des tubercules sur les
régions supérieures, le type de Madagascar est presque semblable
au nôtre qui, toutefois, s'en différencie plus particulièrement par
la forme de la queue et les dimensions exceptionnelles des
tubercules dont elle est armée.

Fam. **STENODACTYLIDÆ** A. Dum. et Bib.

Gen. **PSYLODACTYLUS** Gray.

80. PSYLODACTYLUS CAUDICINCTUS Gray.

Psylodactylus caudicinctus Gray, P. Z. S. of Lond., 1864, p. 61.
Stenodactylus caudicinctus A. Dum., Rev. et Mag. Zool., 1851,
p. 478, pl. XIII.

Ekere. — Assez rare. — Thionk, Leybar, Diouk, Dakar-Bango,
Safal.

Le type de cette espèce existe dans la Collection Herpétologique
du Muséum de Paris.

La disposition toute particulière des lames hypodactyles a
engagé, avec raison, Gray à proposer, pour le *Stenodactylus* de
A. Dumeril, la création du genre *Psylodactylus.*

Gen. **CHONDRODACTYLUS** Peters.

81. CHONDRODACTYLUS ANGULIFER Peters.

Chondrodactylus angulifer Peters., Monat. Ak. d. Wissens, Berlin,
1870, p. 110, taj. III, fig. 1.

Ekere. — Rare. -- Mélacorée, Gambie, Casameuce, Cagnac-Cay, Maloumb, Samatite.

Les exemplaires que nous possédons, provenant de la Séné-gambie, ne diffèrent sous aucun rapport de ceux décrits par Peters; voisins du *Stenodactylus guttatus*, ils s'en distinguent cependant comme l'observe Peters : « *Unguium defectu, pho-lidosi notæi heterogena; supra cineruo fescis, fasciis fusco nigris, latis, angulatis, ornatis* ».

Le *Chondrodactylus angulifer* n'a été jusqu'ici observé que dans la basse Sénégambie; nous devons à M. Maroleau de connaître cette espèce bien distincte du *Stenodactylus guttatus;* l'exemplaire que nous possédons, grâce à sa bienveillante obli-geance, provient des bords du marigot de Cagnac-Cay.

Gen. **STENODACTYLUS** Cuv.

82. STENODACTYLUS MAURITANICUS Guich.

Stenodactylus Mauritanicus Guich., Expl. Sc. Algérie, Rept., p. 5,
pl. I, f. 1 et *a b c d.*
— A. Dum., Cat. Rept. Mus., 1851, p. 47.

Ekere. — Rare. — Kita, Dagana, Bakel, Falémé, Bakoy, Guettala, Macandianbongou.

Les exemplaires de la haute Sénégambie, région Nord-Est, ne diffèrent, sous aucun rapport, de ceux de la région du Nil, donnés au Muséum de Paris par M. Botta.

83. STENODACTYLUS GUTTATUS Cuv.

Stenodactylus guttatus Cuv., R. An., t. II, p. 58.
— Dum. et Bib., Erp. Gen., t. III, p. 434.

Ekere. — Assez commun. — Mêmes localités que l'espèce précé-dente.

Ce *Stenodactylus* ne nous est connu que dans le Nord-Est de la Sénégambie.

PLATYGLOSSI Wagl.

Fam. AGAMIDÆ Swain.

Gen. AGAMA Daud.

84. AGAMA COLONORUM Daud.

(Pl. X, fig. 1.)

Agama Colonorum Daud., H. N. Rept., t. III, p. 356, excl. syn.
      —   Dum. et Bib., Erp. Gen., t. IV, p. 489.
Trapelus Colonorum Wagl., Syst. Amph., p. 145.
L'Agame Lacep., H. N. Quad. Ovip., t. I, p. 295, excl. syn.
    —   Daub., Dict. Rept., p. 587.
    —   Bonn., Encycl. Meth., pl. V, f. 3, excl. syn.
L'Igouane Agame Latr., Hist. Nat. Rept., t. I, p. 262, excl. syn.
Agama Bibroni A. Dum., Cat. Rept. Mus., Paris, 1851, p. 101.
    —   *Colonorum* Rüpp., Neue. Wirb. Z. Faun. Abyss., p. 14,
            pl. IV.
    —   *picticauda* Peters, Monat. Ak. d. Wissens., Berlin, 1877,
            p. 612.

Ketalbejh. — Très commun. — Saint-Louis, Sorres, Diouk, Thionk, Leybar, Dakar-Bango, Hann, Ponte, Rufisque, Dakar, les deux Mamelles, Cap Mirik.

L'*Agama Colonorum* est l'une des espèces les plus communes et aussi l'une des plus belles, parmi tous les Reptiles de la Sénégambie; d'une agilité extrême, on le voit, tantôt fuyant avec la rapidité d'une flèche, tantôt soulevé sur ses membres, la tête redressée, l'attitude provocatrice, attendre le passage des Insectes dont il se nourrit, en gonflant et dégonflant par saccades sa poche gulaire. Désigné par les Européens sous le nom de Margouillat, il s'écarte rarement des lieux habités, et se tient de préférence sur les cases des Nègres, d'où il s'élance pour courir sur le sable, remonter lestement le long des tapates, ne s'arrêtant dans ses excursions multiples, qu'aux heures les plus chaudes du jour et vers le soir. Nous ne l'avons jamais vu grimper le long des arbres, malgré l'affirmation de M. Steindachner; pendant la nuit, on le trouve blotti dans les dépressions du sol mobile des lieux où il habite, c'est le seul moment favorable pour effectuer sa capture, presque toujours impossible au milieu du jour.

De tous les auteurs qui ont parlé de cette espèce, aucun n'a décrit, même approximativement, son mode remarquable de coloration, chaque description semble avoir été faite uniquement d'après des individus conservés dans l'alcool; M. Steindachner lui-même, qui, paraît-il, l'aurait vue vivante, est tout aussi inexact que ses prédécesseurs.

Les innombrables exemplaires que nous avons si souvent étudiés sur place, nous ont invariablement présentés les teintes suivantes, que nous avons fidèlement traduites, d'après nature, sur notre planche X.

La tête est, en dessus, d'un bleu de ciel éclatant, marbrée en côté d'orange et de brun rougeâtre; les bouquets d'épines du cou, et la crête dorsale, sont d'un jaune paille vif; la région dorsale, d'un brun violet métallique, porte de larges taches irrégulières du même bleu que la tête et des bandes de points jaune vif disposés en travers; une large bande orange règne le long des flancs, ceux-ci, de même que l'abdomen d'un beau jaune, piqueté de rouge vermillon et de bleu clair; la gorge est jaune à bandes étroites, longitudinales bleues, et pointillée de rouge; les membres, de la même teinte brun violet métallique du dos, sont tachetés d'orange et de bleu; les parties supérieures de la queue sont d'un orangé intense, maculées de petites taches vermillon, en dessous règne une teinte jaune brillante; l'extrémité orange est précédée d'un large collier du plus beau bleu.

Cette riche coloration, que l'on doit s'attendre à retrouver aussi vive, mais avec des modes de distribution différents, chez toutes les espèces d'Agames, peut varier dans une même espèce suivant l'âge des sujets, et sous l'influence d'une sorte d'impressionalité, mais les variations constatées résident uniquement dans le plus où moins d'intensité des teintes, toujours invariablement les mêmes. Les femelles de l'*Agama Colonorum*, de même que celles des autres espèces, se distinguent des mâles par une taille plus petite et des couleurs ternes où le gris olivâtre, le jaune sale et le brun dominent,

C'est en vain que, sur environ 200 exemplaires d'*Agama Colonorum,* nous avons cherché la forme allongée et aiguë du museau, donnée comme caractéristique. Cette forme n'a rien de fixe, elle montre une tendance plus accentuée vers le raccourcissement que vers l'élongation, nous ne croyons pas non plus qu'il faille tenir compte du nombre de rangées d'écailles dorsales comprises entre l'insertion des membres antérieurs et postérieurs, ce nombre variant d'une manière notable suivant l'âge et le sexe.

Un caractère invariable chez l'*Agama Colonorum* réside dans la différence considérable existant entre les écailles dorsales et caudales; ces dernières acquièrent toujours des dimensions triples de celles du dos.

Nous réunissons à l'*Agama Colonorum :* l'*Agama Bibroni* de A. Dumeril, et l'*Agama picticauda* de Peters, dont les caractères ne suffisent pas pour les différencier.

85. AGAMA OCCIPITALIS Gray

Agama occipitalis Gray, Philos. Mag., 1827, p. 214.
   —   —   Gray, Cat. Liz. Brit. Mus., 1845, p. 226.
   —   *Colonorum* var. Dum. et Bib., Erp. Gen., t. IV, p. 490.

Ketalbejh. — Assez commun. — Mêmes localités que l'espèce précédente.

Malgré ses très grandes relations avec l'*Agama Colonorum,* cette espèce est généralement acceptée. Gray lui donne comme caractère distinctif: « *The scales of the nape, crest, and groups of spines upon each side of the neck,* SHORT and TUBERCULAR; tandis que ces mêmes *scales, etc.,* sont ELONGATE and SLENDER chez l'*Agama Colonorum.*

86. AGAMA RUPPELLI L. Vaill

Agama Ruppelli L. Vaill., in Revoil. Faune et Flore. Pays Çomalis, Rept., 1882, p. 6, pl. I.

Ketalbejh. — Peu commun. — Kita, Mont Fouti, Tombocane, Gangaran, Bandoubé.

L'*Agama Rupelli,* découvert à Bender Méraya, Pays des Çomalis, par M. Georges Revoil, descend jusque dans le Nord-Est de la Sénégambie, d'où M. le Dr L. Savatier nous l'a rapporté.

M. le Professeur Vaillant a fait ressortir les caractères qui le distinguent de l'*Agama Colonorum,* ces caractères consistent dans la forme de la plaque occipitale irrégulièrement rhomboïdale et échancrée en avant, dans les denticulations du bord libre des écailles de la tête, et dans les dimensions des écailles dorsales et caudales toutes égales entre elles et beaucoup plus grandes que chez l'*Agama Colonorum.*

La variabilité dans la forme générale de la tête précédemment indiquée chez les Agames, conduit à reléguer au rang de caractère subsidiaire, la disposition globuleuse et non allongée de l'*Agama Rupelli.*

Pour M. le Professeur Vaillant (*loc. cit.,* p. 7), « il ne paraît pas douteux que l'*Agama Rupelli* ne soit bien l'espèce décrite et figurée par Rüppel (*loc. cit.*), qu'il désigne sous le nom d'*Agama Colonorum;* seulement, le dessinateur n'aurait qu'imparfaitement rendu l'aspect de l'écaillure, *en accusant une trop grande différence de dimensions entre les écailles du dos et celles placées à la naissance de la queue* ».

Pour nous, la figure de Ruppel est la représentation minutieusement exacte de l'*Agama Colonorum* TYPE, dont le caractère dominant réside *dans la différence* plus haut établie *entre les dimensions des écailles dorsales et caudales*.

L'*Agama Ruppelli* est donc complètement distinct de celui de Ruppel, dont la figure représente une femelle d'*Agama Colonorum.*

L'*Agama Ruppelli* offre une teinte générale d'un brun cannelle pâle brillant, largement maculée de bleu changeant et d'orangé; une bande bleue règne en travers et en avant des yeux, les parties inférieures sont d'un jaune paille; la queue orange est annelée de brun cannelle, les membres sont de la même couleur.

87. AGAMA AGILIS Oliv.

Agama agilis Oliv., Voy. Emp. Ottom., t. II, p. 438.
   .—   —   Dum. et Bib., Erp. Gen., t. IV, p. 496.
   —   *Aralensis* Licht., Verz. Doubl. Zool. Mus. Berlin, p. 101.
   —   *sanguinolenta* Pall. Zoog. Ross. As., t. III, p. 23, pl. IV, f. 2.

Ketalbejh. — Assez commun. — Forets de Gommiers, Aleb, Portendik, Gasser-El-Barka, Elimane.

L'*Agama agilis,* espèce Asiatique et que l'on retrouve en Algérie et au Maroc, descend jusque dans la région Saharienne du Nord-Ouest de la Sénégambie où nous en avons capturé quelques exemplaires.

88. AGAMA SAVIGNYI Dum. et Bib.

Agama Savignyi Dum. et Bib., Erp. Gen., t. IV, p. 508.
L'*Agame* Audoin in Savig., Rept. Egypt. Suppl., pl. 1 f. 5.
Agama Savigny Blanf., P. Z. S. of Lond., 1881, p. 672.
Trapelus flavimaculatus Rüpp., Neue. Wirb. Z. Faun. Abyss. Rept.,
p. 12, taj. VI, f. 1.

Ketalbejh. — Peu commun. — Kita, Bakel, Saldé, Dagana, Fouti-Kouro, Bandoubé.

C'est à tort que Dumeril et Bibron (*loc. cit.,* p. 497) assimilent le *Trapelus flavimaculatus* de Rüppel, à l'*Agama agilis;* M. Blanfort a discuté (*loc. cit.*) les caractères qui l'en distinguent, et a été conduit, avec raison, à l'identifier avec l'*Agama Savigny.*

89. AGAMA RUDERATA Oliv.

Agama ruderata Oliv., Voy. Emp. Ottom., t. II, p. 248, tab. XXIX.
L'*Agame variable* J. G. St-Hil., Egypt. Rept. H. N., t. I, p. 127, pl. V,
f. 3-4,

Agama mutabilis Merr., Tent. Syst. Amph., p. 50.

       —   Dum. et Bib., Erp. Gen., t. IV, p. 505.

Trapelus Ægyptius Cuv., R. An., t. II, p. 37.

Ketalbejh. — Assez commun. — Podor, Saldé, Kita, Banion-kadougou, Albréda.

Localisé dans les régions Nord-Est de la Sénégambie, cette espèce se rencontre exceptionnellement dans le Sud. Nous en possédons un spécimen pris à Albréda et qui nous a été donné par le Capitaine Daboville.

90. AGAMA SAVATIERI Rochbr.

(Pl. XI, fig. 1-2.)

Agama Savatieri Rochbr., Mss, 1883.

A. — CAPITE LATO, CONICO, SQUAMIS TUMIDIS ET PUNCTIS PROFUNDE IMPRESSIS, APICE CIRCUMDATIS; SCUTELLO OCCIPITALI OVATO; CRISTA SPINALI ABBREVIATA; SQUAMIS DORSALIBUS, SUBLATIS, CARINATIS, APICE ACUTIS; CAUDALIBUS PAULULAM CRASSIORIBUS; VENTRALIBUS PARVIS, LÆVIBUS; RUFO CASTANEO, FASCIA DORSALI ANTICE LATA, POSTICE COARCTATA ET IN CINGULA LATAM PONE PELVIM DESINENTE ORNATO; LATERIBUS CŒRULEO MACULATIS; GUTTURE ABDOMINEQUE PALLIDE FLAVO VIRESCENTIBUS, AURANTIO PUNCTATIS; PEDIBUS ET CAUDA, RUFO CAS-TANEIS, CŒRULEO MARMORATIS.

Tête assez large, à museau conique, recouverte d'écailles épaisses, comme boursouflées, et portant sur le bord de leur extrémité libre une rangée de dépressions ovalaires profondes; plaque occipitale ovale, crête dorsale très courte, formée d'écailles courtes, obtuses, incurvées; écailles dorsales assez larges, fortement carénées, aiguës à l'extrémité libre; les caudales de même forme mais un peu plus grandes; les ventrales petites, lisses. Teinte générale d'un roux violacé changeant, flancs et côtés de la tête maculés de points arrondis d'un beau bleu clair; une bande orangée partant de l'occiput où elle est large, s'étend sur toute la longueur du dos, se rétrécit au niveau du bassin, et forme en arrière des cuisses, une large ceinture; la gorge, l'abdomen et

le dessous de la queue sont d'un jaune paille piqueté d'orange ;
les membres, ainsi que le dessus de la queue, du même
brun violacé que les régions supérieures, sont marbrés de bleu
brillant.

$$
\begin{aligned}
&\text{Longueur totale} \dots\dots\dots\dots\dots\dots\dots\dots\dots\dots\dots\ 0^m210 \\
&\qquad\text{—}\quad \text{de la queue} \dots\dots\dots\dots\dots\dots\dots\dots\ 0\ 120
\end{aligned}
$$

Ketalbejh. — Assez commun. — Gambie, Casamence, Mélacorée,
Albréda, Bathurst.

Cette espèce, que nous devons à l'obligeance de M. le D^r L.
Savatier, se distingue surtout par les détails de sculpture des
écailles de la tête.

91. AGAMA HISPIDA Gravench.

Agama hispida Gravench., N. Act. Ac. C. L. Nat. Cur., XVI, p. 2,
        t. LXIV.
Lacerta hispida Lin., Syst. Nat., p. 205.
Agama aculeata Merr., Tent. Syst. Amph., p. 53.
    —   —   Dum. et Bib., Erp. Gen., t. IV, p. 499.
    — *spinosa* Dum. et Bib., Erp. Gen., t. IV, p. 502.

Ketalbejh. — Assez commun. — Kita, Bakel, Falémé, Bafing.

L'*Agama hispida,* commun dans la région du Cap, se retrouve
à Angola et dans la haute Sénégambie ; un exemplaire provenant
du Niger a été donné au Muséum de Paris par M. Laucher.

92. AGAMA ANNECTEUS Blanf.

Agama annecteus Blanf., Obs. Geol. et Zool. Abyss.. 1870, p. 446 et
        fig., p. 447.

Ketalbejh. — Peu commun. — Kita, Bakel, Falémé, Bakoy, Bafing.

Les exemplaires recueillis par M. le Dr Colin en haute Sénégambie, ne diffèrent en rien des types Abyssiniens décrits par M. Blanfort (*loc. cit.*)

93. AGAMA BOCOURTI Rochbr.

(Pl. XI, fig. 3-4.)

Agama Bocourti Rochbr., Mss, 1881.

A. — CAPITE ABBREVIATO, SQUAMIS CARINA CRASSA ELEVATIS; FRONTE CONCAVO; SCUTELLO OCCIPITALI RHOMBOIDEO, 4 TUBERCULIS SUBOVATIS ADJUNCTO; CRISTA SPINALI FERE NULLA; SQUAMIS DORSALIBUS MINUTIS, INTENSE CARINATIS, APICE MUTICIS, CAUDALIBUS SIMILLIMIS, VENTRALIBUS PARVISSIMIS, APICE TRIDENTATIS; INTENSE VIRIDE OLIVACEO, SUPERNE LONGITUDINALITER AURANTIO FASCIATO; OCELLIS QUE LATERALIBUS, CŒRULEIS AURANTIO LIMBATIS, ORNATO; ABDOMINE FLAVO, LATERIBUS FASCIA AURANTIA UNDULATA CINCTIS; GUTTURE FLAVO; PEDIBUS VIRIDE OLIVACEIS; CAUDA SUPERNE OLIVACEA INFERNE FLAVA, CŒRULEO AURANTIO QUE MARMORATA.

Tête étroite, raccourcie, pyramidale, à museau très obtus; front excavé, écailles du museau portant au centre une forte carène; plaque occipitale de forme trapézoïdale accompagnée de quatre tubercules ovoïdes; crête dorsale nulle ou à peine indiquée; écailles dorsales carénées, à pointe libre sans épine, les écailles caudales semblables, celles de la région abdominale très petites, lisses, tridentées à la pointe; toutes les parties supérieures sont d'un vert olive foncé métallique; une ligne étroite orange règne sur toute la longueur du dos, des lignes interrompues et des taches de même couleur ornent la tête et les côtés du cou; une série d'ocelles d'un beau bleu, entourées d'un cercle orange, s'étend de chaque côté du corps, de l'insertion du membre antérieur aux deux tiers de la longeur de la queue; la gorge et le ventre sont d'un jaune paille, une bande onduleuse orange, disposée le long des flancs, est séparée de la ligne d'ocelles par un espace d'un vert clair; les membres sont du même vert que le dos.

Longueur totale............................... 0^{m}190
— de la queue............................ 0 110

Ketalbejh. — Assez commun. — Gambie, Casamence, Mélacorée.

Cette espèce remarquable, bien distincte de toutes ses congénères par son mode d'écaillure et la disposition de la scutelle occipitale, nous a été donnée par M. le Dr L. Savatier.

94. AGAMA SINAITA Heyd.

Agama Sinaita Heyd., Atl. Reis. Nordl. Ajuk. V. Rüpp. Rept., p. 10, tab. III.
—   Dum. et Bib., Erp. Gen., t. IV, p. 509.

Ketalbejh. — Assez rare. - Kita, Falémé, Fouti-Kouro.

La coloration de cette espèce à l'état vivant ne ressemble en rien à celle que Dumeril et Bibron lui attribuent.

La tête est d'un beau bleu de ciel glacé, les régions supérieures, d'un violet pâle, sont marbrées de bleu métallique et de bandes interrompues violet foncé, disposées en travers; le ventre est jaune, la queue, d'un violet tirant sur le rose, est annelée de violet foncé; les jambes, d'un violet bleuâtre, sont ornées en travers de bandes d'une teinte plus accusée.

Gen. STELLIO Daud.

95. STELLIO VULGARIS Daud.

Stellio vulgaris Daud., Hist. Rept., t. IV, p. 16.
—   Dum. et Bib., Erp. Gen., t. IV, p. 529.
Lacerta stellio Lin., Syst. Nat., p. 361 (*Excl. Synon.*).
Le Stellion Bonnat, Encycl. Meth., pl. VIII, f. 4.

Mbotjh. — Rare. — Aleb, Gesser-El-Barka, Elimané.

Cette espèce se rencontre en Sénégambie, seulement à la limite extrême du désert. Les Nègres la distinguent très bien des Ketalbejh ou Agames.

96. STELLIO CYANOGASTER Rüpp.

Stellio cyanogaster Rüpp., New. Wirb. Z. Faun. Abyss., p. 10, tab. V.
— Dum. et Bib., Erp. Gen., t. IV, p. 532.

Mbotjh. — Rare. — Kita, Gangaran, Boukarie, Banionkadougou.

Le *Stellio cyanogaster* paraît localisé en Sénégambie, dans la région Nord-Est.

97. STELLIO NIGRICOLLIS B. du Boc.

Stellio nigricollis B. du Boc., Sc. Lisb., 1866, p. 43.
Agama atricollis Smith., Illustr. Zool. S. Afr. App., p. 14.

Mbotjh. — Rare. — Gambie, Casamence, Mélacorée.

Donné par Smith (*loc. cit.*) comme habitant le Cap, cette espèce, indiquée à Angola par M. Barboza du Bocage (*loc. cit.*), remonte dans la basse Sénégambie.

Les trois *Stellio* Sénégambiens occupent, comme on le voit, chacun une région distincte, éloignée des points où jusqu'ici leur présence avait été constatée; leur aire d'extension est donc des plus considérables.

Fam. UROMASTICIDÆ Theob.

Gen. UROMASTIX Merr.

98. UROMASTIX ORNATUS Rüpp.

Uromastix ornatus Rüpp., Atl. Reis. Nordl. Afr. lk., p. 1, tab. I.
— Dum. et Bib., Erp. Gen., t. IV, p. 538.

N'Jassawhane. — Peu commun. — Aroudou, Makana, Tombocané, Gangaran, lisière des forêts de Bandoubé.

L'*Uromastix ornatus,* d'Égypte et d'Abyssinie, habite la haute Sénégambie, d'où il nous est assez souvent parvenu ; comme ses congénères, il se plaît dans les lieux où croissent des végétaux herbacés, aussi le rencontre-t-on sur la lisière des forêts. Sa nourriture est exclusivement végétale. Nous en avons possédé deux couples vivants, toujours ils ont refusé les insectes que nous leur présentions, tandis qu'ils prenaient avec avidité les différentes Graminées dont nous avions soin de garnir leur cage.

99. UROMASTIX ACANTHINURUS Bell.

Uromastix acanthinurus Bell., Zool. Journ., 1825, t. I, p. 457.
— Dum. et Bib., Erp. Gen., t. IV, p. 543.

N'Jassawhane. — Rare. — Mêmes localités que l'espèce précédente.

Comme l'*Uromastix ornatus,* cette espèce habite la lisière des forêts et se nourrit de végétaux.

LEPTOGLOSSI Wieg.

Fam. TACHYDROMIDÆ Fitz.

Gen. TACHYDROMUS Daud.

100. TACHYDROMUS FORDII Hallow.

Tachydromus Fordii Hallow., Ac. N. Sc. Philad., 1857, p. 48.

Bassa. — Très rare. — Mélacorée.

Un exemplaire de cette espèce remarquable, identiquement

semblable à celui décrit par Hallowell, nous a été communiqué par notre regretté confrère, le Dr Carpentin.

Le genre *Tachydromus* ne comprenait qu'un très petit nombre d'espèces Asiatiques, jusqu'au jour où Hallowell fit connaître son espèce du Gabon, dont l'aire d'habitat s'étend, comme on le voit, jusque dans la basse Sénégambie.

Hallowell fait remarquer que le type Africain ne diffère sous aucun rapport des types Asiatiques, excepté : « in the presence of small plate imbedded between the internasal and frontal, and the two fronto nasals ». A l'exemple de l'auteur Américain, nous ne pensons pas que ces caractères soient suffisants pour autoriser la création d'un genre.

Comme l'échantillon du Gabon, le nôtre est grêle dans sa forme générale, la région dorsale est couverte de larges écailles hexa-gonales, fortement carénées au centre; on observe sur l'abdomen six rangées d'écaillures, également carénées, tandis que les écailles des flancs sont de dimensions très réduites; la marge supérieure de l'anus porte une large écaille accompagnée de deux plus petites situées de chaque côté; la queue, très longue, porte des verticilles d'écailles carénées; l'animal offre, en dessus, une teinte d'un vert bronzé à reflets métalliques, en dessous, toutes les régions sont d'un vert pâle nuagé de jaunâtre.

Fam. **LACERTIDÆ** C. Bp.

Gen. **TROPIDOSAURA** Fitz.

101. TROPIDOSAURA ALGIRA Fitz.

Tropidosaura algira Fitz., Verz. Zool. Mus. Wien., p. 52.
     —   Dum. et Bib., Erp. Gen., t. V, p. 168.
Lacerta algira Lin., Syst. Nat., p. 363.
L'Algire Lacep., Quad. Ovip., t. I, p. 367.

Sindaque. — Peu commun. — Cap Mirik, Argain, Elimane, Gasser-El-Barka, Aleb, Portendik, Bandoubé, Kita.

Cette espèce Méditerranéenne, commune en Algérie, et découverte dans le pays des Çomalis par M. Georges Revoil (*L. Vaill. in Rev. Faun. et Flor. Pays Comal. Rept.*, p. 19), occupe, en Sénégambie, deux régions distinctes, celle du haut fleuve, et la partie limitée au Nord-Ouest par le désert.

Gen. **ICHNOTROPIS** Peters.

102. ICHNOTROPIS MACROLEPIDOTA Peters.

Ichnotropis macrolepidota Peters, Monat. Ak. d. Wissens., Berl., 1854, p. 617. Reis. Nach. Mossamb., p. 45.
Tropidosaura Capensis Dum. et Bib., Erp. Gen., t. V, p. 171.

Sindaque. — Rare. — Kita, Bandoubé, Makana, Maïna.

Du Cap, de Mosambique, l'*Ichnotropis macrolepidota* se retrouve dans la haute Sénégambie.

103. ICHNOTROPIS DUMERILLI B. du Boc.

Ichnotropis Dumerilli B. du Boc., J. Sc. Lisb., 1866, p. 43.
Tropidosaura Dumerilli Smith., Ill. Illustr. S. Afr. Zool. App., p. 7.
Ichnotropis bivittata B. du Boc., J. Sc. Lisb., 1866, p. 43.

Sindaque. — Rare. — Mélacorée, Gambie, Casamence, Cagnout, Cagnac-Cay, Wagran.

Du Cap et d'Angola, cette espèce ne dépasse pas les régions de la basse Sénégambie, où nous l'indiquons, et d'où elle nous a été rapportée par M. Paterson.

Gen. **LACERTA** Lin. (1).

104. **LACERTA GALLOTI** Dum. et Bib.

Lacerta Galloti Dum. et Bib., Erp. Gen., t. V, p. 238.
Zootoca Galloti Gray, Cat. Liz., p. 30, 1845.
Lacerta Senegalensis Gray, Ann. And. Mag. Nat. Hist., 1838, p. 279.
— *Atlantica* Peters et Doria, Ann. Mus. Civ. St. Nat. di Genov.,
vol. XVIII, p. 433, fig. 1-2, 1882-1883.

Sindajh. — Rare. — Portendik, Aleb. Elimané, Gasser-El-Barka,
Çap Blanc, Cap Mirik.

Le *Lacerta Galloti*, de Madère et des Canaries, se rencontre sur
les points de la côte limitrophes de la région désertique, nous
possédons deux grands exemplaires recueillis par nous au Cap
Mirik, ne différant en aucune façon des types de Ténériffe.

Gray, après avoir donné, en 1838 (*loc. cit.*), sous le nom de
Lacerta Senegalensis, un *Lacerta* très voisin, dit-il, du *Lacerta
ocellata*, indique avec doute (?), au Sénégal, ce même *Lacerta*

---

(1) Différents auteurs, dit M. Boulenger, dans un travail sur les *Laçerta* du
Catalogue de Gray (*P. Z. S. of London*, 1881, p. 740), ont déjà observé que le
genre *Lacerta* a été divisé par Gray d'une manière tout à fait défectueuse, et,
selon lui, les divisions, soit de Gray, soit de d'autres, n'ont pas leur raison
d'être.

Déjà, à plusieurs reprises, nous avons donné notre manière de voir relativement à certains travaux de Gray, nous devons cependant, quand cela est juste,
lui attribuer la part à laquelle il a droit, et c'est le cas pour le genre *Lacerta*.

Dumeril et Bibron, dont la tendance diamétralement opposée à celle de Gray
est connue, ont divisé le genre *Lacerta* en quatre groupes ; cette division a été
généralement acceptée ; or les genres de Gray, correspondant à tout ou partie
des groupes de Dumeril et Bibron, caractérisés par la disposition et la forme
des écailles, présentent tout au moins l'avantage de faciliter l'étude et le clas-
sement d'animaux souvent difficiles à différencier ; dès l'instant où le système
de Dumeril et Bibron est reconnu avantageux, celui de Gray ne saurait être
rejeté ; nous acceptons donc les divisions de Gray, conformes aux lois de la
nomenclature, à l'exception cependant du genre *Zootoca* de Wagler, dont la
qualité d'*ovovivipare*, sur laquelle il est fondé, ne constitue pas une caractéristique acceptable.

ocellata (*Cat. Liz.*, p. 30, 1845), puis. enfin, il le fait figurer sur la liste des Reptiles de l'Afrique occidentale qu'il a donnée, en 1858 (*P. Z. S. of Lond.*, p. 155). La taille des spécimens Sénégambiens du *Lacerta Galloti,* taille qu'atteignent également beaucoup des exemplaires des Canaries, leur facies général approchant de celui du *Lacerta ocellata,* une certaine analogie dans le mode de coloration, ont pu induire Gray en erreur, et lui faire confondre les deux espèces ; ce sont du moins les conclusions auxquelles conduisent les hésitations de Gray.

D'un autre côté, bien que nous n'ayons jamais observé le *Lacerta ocellata* en Sénégambie, sa présence dans le Nord-Ouest extrême de cette région n'aurait rien d'impossible, si l'on réfléchit à la dispersion de certaines espèces d'Algérie, du Maroc, etc., que l'on sait descendre le long de la côte, jusqu'aux régions désertiques qui confinent à la Sénégambie.

Quoi qu'il en soit, devant toute absence de preuves, nous maintenons, au sujet du *Lacerta ocellata,* notre précédente supposition.

Le *Lacerta Atlantica,* de Peters et Doria, établi sur des individus provenant de Ténériffe et de Lancerote, n'est pas admissible, car les caractères différentiels invoqués par ses parrains, sont précisément ceux à l'aide desquels on distingue le *Lacerta Galloti.*

La simple comparaison des diagnoses du *Lacerta Atlantica* (*loc. cit.*) et du *Lacerta Galloti* (*loc. cit.*) auxquelles nous renvoyons, démontrera suffisamment que les *efforts combinés* de deux *Naturalistes* (*Prussien* et *Italien*) ont eu pour unique résultat de *fabriquer une mauvaise espèce.*

105. LACERTA SAMHARICA Blanf.

Lacerta Samharica Blanf., Obs. Geol. et Zool. Abyss., p. 449, fig. 1, p. 451.

Sindajh. — Rare. — Mont Fouti, Kita, Bandoubé, Gangaran.

Nous rapportons à cette espèce Abyssinienne, un exemplaire recueilli dans le haut Sénégal par notre confrère, M. le Dr Colin.

106. LACERTA DUGESI H. M. Edw.

Lacerta Dugesi H. M. Edw., Ann. Sc. Nat., 1829, t. XVI, p. 84,
    tab. VI, f. 2.
—   —   Dum. et Bib., Erp. Gen., t. V, p. 236.
—   *Maderensis* Fitz., Syst. Rept., p. 51.

Sindajh. — Rare. — Cap Mirik, Cap Blanc, Portendik, Argain, îles
de la Madeleine.

Le *Lacerta Dugesi* est une des espèces qui ne dépassent pas,
en Sénégambie, la région désertique.

Gen. **NUCRAS** Gray.

107. NUCRAS DELALANDII Gray.

Nucras Delalandii Gray, Ann, and Mag. Nat. Hist., t. I, p. 280.
Lacerta Delalandii H. M. Edw., Ann. Sc. Nat., 1829, t. XVI, p. 70,
    tab. XV, f. 6.
—   —   Dum. et Bib., Erp. Gen., t. V, p. 248.

Bakjh. — Rare. — Mélacorée, Gambie, Casamence, Sedhiou, Albréda.

Commune au Cap, cette espèce remonte dans la basse Sénégambie.

108. NUCRAS TESSELLATA Gray.

Nucras tessellata Gray, Cat. Liz., 1845, p. 33.
Lacerta tessellata Smith., Mag. Nat. Hist., t. II, p. 92.
—   —   Dum. et Bib., Erp. Gen., t. V, p. 244.

Bakjh. — Rare. — Mêmes localités que l'espèce précédente.

Gen. **THETIA** Gray (1).

109. THETIA PERSPICILLATA Gray.

Thetia perspicillata Gray, Cat. Liz., 1845, p. 32.
Lacerta perspicillata Dum. et Bib., Erp. Gen., t. V, p. 249.

Bakjh. — Rare. — Cap Mirik, Portendik, Gasser-El-Barka.

C'est encore une des espèces du Nord de l'Afrique qui s'avance jusqu'à la limite du désert.

Fam. **EREMIDÆ** Fitz.

Gen. **ACANTHODACTYLUS** Fitz.

110. ACANTHODACTYLUS VULGARIS Dum. et Bib.

Acanthodactylus vulgaris Dum. et Bib., Erp. Gen., t. V, p. 268.
      —   L. Vaill., in Revoil. Faun. et Flor. Pays Çomalis. Rept., p. 3.
Lacerta velox Dug., Ann. Sc. Nat., t. XVI, 1829, p, 383 *(non. syn.).*
Acanthodactylus velox Gray, Cat. Liz., 1845, p. 36.

Bahjh. — Assez commun. — Kita, Podor, Dagana, Gangaran, Baudoubé.

Malgré l'opinion de M. Lataste, qui considère l'*Acanthodactylus vulgaris* comme exclusivement Européen (*Journ. le Nat.,*

---

(1) Nous avons eu un instant la pensée de rejeter le nom de *Thetia* de Gray, comme pouvant faire double emploi avec le nom de *Tethya* établi par Lamarck pour un groupe de *Spongiaires ;* mais l'orthographe n'étant pas la même, nous croyons qu'il doit être conservé.

1881, p. 358), cette espèce se rencontre dans le pays des Çomalis où M. Georges Revoil l'a découverte à Lasgorée, et dans la haute Sénégambie, où nous l'avons recueillie, ainsi que M. le Dʳ Colin; elle est donc aussi Africaine et possède une aire de dispersion des plus vastes.

111. ACANTHODACTYLUS SCUTELLATUS Dum. et Bib.

Acanthodactylus scutellatus Dum. et Bib., Erp. Gen., t. V, p. 272.
Lacerta scutellata Aud., Descr. Egypt. Rept. Supp., I, p. 172, pl. I, f. 7.
Acanthodactylus inornatus Gray, Cat. Liz., 1845, p. 38.
Photophilus scutellatus Fitz., Syst. Rept., I, p. 20.

Bahjh. — Commun. — Thionk, Diouk, Leybar, Hann, M'Bao, Joalles, Rufisque, Sorres, Cap Mirik, Gambie, Casamence, Gangaran.

M. Steindachner (*SB. Ak. Wien.*, 1870, p. 331) indique cette espèce à Saint-Louis même; il serait plus exact de citer les Dunes de N'Dar Tout, et de Guet N'Dar.

112. ACANTHODACTYLUS DESERTI Rochbr.

Acanthodactylus deserti Rochbr., Mss. 1883.
Lacerta deserti H. M. Edw., Ann. Sc. Nat., 1829, t. XVI, p. 79, pl. VI,
         f. 8.
      —   Strauch., Mem. Ac. Sc. Sᵗ-Petersb., 7ᵉ ser., t. IV, p. 32.
Zootoca deserti Gunth., P. Z. S. of Lond., 1859, p. 476.
Acanthodactylus Bedriagai Lataste, Journ. le Nat., 1881, p. 357.
      —   *Bedriagæ* Bouleng., P. Z. S. of Lond., 1881, p. 746,
         pl. LXIII, fig. 1.

Bahjh. — Assez commun, — Mêmes localités que l'espèce précédente.

« J'ai lieu de croire, dit M. Lataste dans un article sur son *Acanthodactylus Bedriagai* (*loc. cit.*), que cette NOUVELLE ESPÈCE n'est autre que le *Lacerta deserti* de Gunther, mais

*je n'ai pu lui conserver ce nom déjà employé pour d'autres espèces
du même genre.* »

Nous poserons en passant une simple question, sans essayer
même d'y répondre : par quel phénomène étrange cette espèce
est-elle nouvelle, si elle n'est autre que le *Lacerta deserti* de
Gunther?

M. Boulenger (*loc. cit.*) adopte sans discussion les données de
M. Lataste, pour lui comme pour ce dernier l'espèce est bien
NOUVELLE; toutefois, il change, on ne sait pourquoi, le nom de
BEDRIAGAI en BEDRIAGÆ, donnant à un nom d'homme une dési-
nence féminine, ce qui est contraire aux usages adoptés, et,
après avoir ajouté à la synonymie de l'espèce *nouvelle* le *Lacerta
deserti* de Strauch, il fait observer que : « The name *deserti*
Gunth. Though prior to that *Bedriagæ,* must be cancealed
as there is *Lacerta deserti* Milne Edwards, wich is also, an
Acanthodactylus ».

En comparant la fig. 8, pl. 6 (*loc. cit.*) de M. H. Milne Edwards,
avec la fig. 1, pl. LXIII (*loc. cit.*), de M. Boulenger, on voit : *que
l'une et l'autre sont identiques,* et que, par conséquent, le *Lacerta
(Acanthodactylus) deserti* de M. H. Milne Edwards, et l'*Acanthodactylus Bedriagai* de M. Lataste ne font qu'une *seule et même
espèce.*

A l'heure actuelle, si nous ne nous trompons, les espèces
portant le qualificatif *deserti,* que M. Lataste *ne peut employer,*
sont au nombre de trois :

Le *Lacerta deserti,* H. M. Edwards, 1829;
Le *Zootoca deserti,* Gunther, 1859;
Le *Lacerta deserti,* Strauch, 1860.

M. Lataste reconnaît lui-même que le *Zootoca deserti* Gunth.,
n'est autre que son *Acanthodactylus Bedriagai;* le *Lacerta deserti*
Strauch est également la même espèce, puisque M. Boulenger
le cite en synonymie; enfin le *Lacerta deserti* H. M. Edw.,
désigné par M. Boulenger comme *Acanthodactylus,* ne peut, en
vertu même des figures citées, être séparé de l'*Acanthodactylus
Bedriagai.*

Les trois *Laserta deserti* ainsi réduits à une seule espèce, il
est bon de rappeler une loi de la nomenclature, universellement
admise, loi que MM. Lataste et Boulenger paraissent avoir oubliée

et, d'après laquelle, quand, dans *un même genre*, le *même nom* a été donné par différents auteurs et à des époques successives, pour désigner *une même espèce,* qu'ils ne savaient pas avoir été décrite, *il faut prendre le nom le plus anciennement donné,* et inscrire les autres en synonymie.

C'est le cas du *Lacerta deserti* de M. H. Milne Edwards, lequel étant antérieur à ceux de Strauch et de Gunther, *doit bénéficier des droits de la priorité.*

M. Lataste, dans la comparaison minutieuse de son *Acanthodactylus* NOUVEAU avec trois *Lacerta* (*Acanthodactylus*) d'Audoin, et deux de Dumeril et Bibron, ne *cite même pas* le *Lacerta deserti* H. M. Edw., auquel M. Boulenger, son ami, a cependant le soin de faire allusion.

C'est un oubli, sans doute, car . . . . M. Lataste, on le sait, n'est pas de ces esprits étroits dont la science embryonnaire se complaît dans la satisfaction intime d'elle-même, et auxquels le nom de l'illustre Doyen des Zoologistes vient trop souvent porter ombrage.

Quoi qu'il en soit, en désignant avec M. H. Milne Edwards, sous le nom de *deserti* l'espèce qui nous occupe, et en modifiant comme nous l'avons fait, sa synonymie, nous rendons, ce nous semble, à chacun la part qui lui incombe et nous répondons au véritable esprit scientifique, le seul qui doive prévaloir en Histoire Naturelle.

De la longue, très longue description de M. Lataste, de l'exposé des nombreuses variations de son *Acanthodactylus Bedriagai,* consistant : dans la taille svelte ou trapue ; dans la tête effilée ou massive ; dans les écailles du dos lisses ou carénées ; dans les scutelles caudales également carénées ou lisses ; dans les lamelles ventrales en rangées plus ou moins nombreuses ; dans les denticulations digitales courtes ou longues, etc., etc., sans parler de la coloration, on est forcément conduit à reconnaître que plusieurs espèces bien tranchées ont été confondues et mélangées comme de parti pris.

Nous n'insisterons pas sur ces différences que nous venons d'indiquer brièvement, et nous nous contenterons, pour nos types Sénégambiens, de renvoyer à l'excellente description du *Lacerta deserti* de M. H. Milne Edwards, dont il est impossible de les distinguer.

113. ACANTHODACTYLUS SAVIGNYI Dum. et Bib.

Acanthodactylus Savignyi Dum. et Bib., t. V, p. 274.
Lacerta Savignyi H. M. Edw., Ann. Sc. Nat., 1829, t. XVI, p. 73,
pl. VI, fig. 4.

Bahjh. — Assez commun. — Thionk, Diouk, M'Bao, Hann, Leybar,
Sorres, Dakar-Bango.

Un exemplaire de l'*Acanthodactylus Savignyi*, recueilli au
Sénégal par Adanson, existe dans les Galeries du Muséum de
Paris.

Nous ne pouvons réunir cette espèce au *Lacerta deserti,* comme
l'ont fait Dumeril et Bibron (*loc. cit.,* p. 274); entre autres caractères différentiels, nous invoquerons : la quantité plus grande
des rangées de scutelles ventrales, la longueur des pattes
postérieures, le nombre des pores fémoraux, etc. ; de plus, les
figures représentant la tête, données par M. H. Milne Edwards
(*loc. cit.*), Pl. 6, fig. 4 (*L. Savignyi*), et Pl. 6, fig. 8 (*L. deserti*),
montrent les différences capitales entre les deux espèces.

114. ACANTHODACTYLUS BOSKIANUS Fitz.

Acanthodactylus Boskianus Fitz., M. S. in Wieg. H. M., p. 10.
       —   Dum. et Bib., Erp. Gen., t. V, p. 278.
Lacerta carinata Schinz., Natur. Abb. Rept., p. 102, t. XXXIX,
fig. 4.
    — *Boskiana* Daud., H. N. Rept., t. III, p. 188, t. XXXVI,
fig. 1.

Bahjh. — Peu commun. — Kita, Fouti-Kouro, Gangaran, Tombocané.

Nous avons observé cette espèce Egyptienne dans la haute
Sénégambie, où elle semble être cantonnée.

Gen. **SCAPTEIRA** Fitz.

115. SCAPTEIRA CAPENSIS Bouleng.

Scapteira Capensis Bouleng., P. Z. S. of Lond., 1881, p. 744.
Acanthodactylus Capensis Smith., Ill. Zool. S. Afr., pl. XXXIX.

Bahjh. — Rare. — Mélacorée, Gambie, Casamence, Ile aux Chiens.

116. SCAPTEIRA GRAMMICA Fitz.

Scapteira grammica Fitz., Ms. in Wieg. H. M., p. 9.
       —   Dum. et Bib., Erp. Gen., t. V, p. 283.
Lacerta grammica Licht., Verg. Doubl. Zool. Mus. Berlin, p. 100.

Bahjh. — Rare. — Kita, Gangaran, Tombocané, Bandoubé, Makana.

Cette espèce, d'après Peters (*M. B. Ak. Berl.* 1869, p. 60),
n'existerait ni en Egypte, ni en Nubie; Dumeril et Bibron (*loc.
cit.*) rapportent que leur description a été faite d'après un
exemplaire envoyé du musée de Berlin à celui de Leyde, d'où
ils l'avaient reçu en communication, et « que l'étiquette portait
qu'il avait été recueilli en Nubie ». Ce fait viendrait détruire
l'assertion de Peters. Quoi qu'il en soit, du reste, le *Scapteira
grammica* est Africain et sa présence en Sénégambie est affirmée
par les spécimens découverts par le Dr Carpentin.

Gen. **EREMIAS** Fitz.

117. EREMIAS RUBROPUNCTATA Fitz.

Eremias rubropunctata Fitz., Neue. Class. Rept., p. 51.
       —   Dum. et Bib., Erp. Gen., t. V, p. 297.
Lacerta rubropunctata Licht., Doubl. Zool. Mus. Berlin, p. 100.

Bahjh. — Assez commun.— Gangaran, Portendik, Saldé, Babaghay.

118. EREMIAS NITIDA Gunth.

Eremias nitida Gunth., Ann. And. Mag. Nat. Hist., vol. IX, 1872,
p. 381.

Bañjh. — Rare. — Gambie, Mélacorée, Albréda, Bathurst, Ile aux
Chiens.

Cet *Eremias,* voisin de l'*Eremias Knoxii* du Cap, peut être
considéré comme son espèce représentative en Sénégambie.

119. EREMIAS LUGUBRIS Dum. et Bib.

Eremias lugubris Dum. et Bib., Erp. Gen., t. V, p. 309.
     —   Smith., Illustr. Zool. S. Afr., pl. XLVI, f. 2.

Bañjh. — Peu commun. — Mêmes localités que l'espèce précédente.

Gen. MESALINA Gray.

120. MESALINA PARDALIS Gray.

Mesalina pardalis Gray, Cat. Liz., 1845, p. 43.
Eremias pardalis Dum. et Bib., Erp. Gen., t. V, p. 312.
Lacerta pardalis Fitz., Neue. Class. Rept., p. 51.

Bañjh. — Assez commun. — Portendik, Hann, Diouk, Dakar-
Bango, Gandiole, Oualo, Gangaran, Banionkadougou.

Cette espèce, commune en Égypte, pénètre dans la haute Sénégambie où elle est assez rare, et s'observe en plus grand nombre
dans la région Ouest; son aire d'extension est assez considérable.

DIPLOGLOSSI Cope.

Fam. **ZONURIDÆ** Gray.

Gen. **CORDYLUS** Mer*.*

121. CORDYLUS GRISEUS Cuv.

Cordylus griseus Cuv., R. An., t. II, p. 33.
      —   Smith., Illustr. Zool. S. Afr., pl. XXVIII.
Zonurus griseus Dum. et Bib., Erp. Gen., t. V, p. 350.
Lacerta cordylus Lin., Syst. Nat., p. 361.

Sindahniay. — Peu commun. — Saloum, Dianah, Yamina, Yata-
cunda.

Commune au Cap, cette espèce a été également recueillie à
Sierra-Leone; un individu de cette contrée existe dans la collection du Muséum de Paris, c'est celui dont parlent Dumeril et
Bibron (*loc. cit.*, p. 354). Le *Cordylus griseus* ne remonte pas plus
loin que la basse Sénégambie, du moins nous ne l'avons jamais
observé ailleurs; il se plaît dans les endroits arides où croissent
des arbustes rabougris parmi lesquels il se tient d'habitude,
manière de vivre un peu différente de celle que Smith (*loc. cit.*)
lui attribue.

Gen. **PSEUDOCORDYLUS** Smith.

122. PSEUDOCORDYLUS MICROLEPIDOTUS Gray.

Pseudocordylus microlepidotus Gray, Cat. Liz., 1845, p. 49.
Cordylus microlepidotus Smith., Illustr. Zool. S. Afr., pl. XXIV.
Zonurus microlepidotus Dum. et Bib., Erp. Gen., t. V, p. 361.

Sindahniay. — Peu commun. — Mêmes localités que l'espèce
précédente.

Du Cap et de Sierra-Leone, comme le *Cordylus griseus;* cette espèce a des habitudes semblables à celles de sa congénère.

Fam. **GERRHOSAURIDÆ** Fitz.

Gen. **GERRHOSAURUS** Wiegm.

123. **GERRHOSAURUS FLAVIGULARIS** Wiegm.

Gerrhosaurus flavigularis Wiegm., Isis, 1828, p, 379.
    —   Dum. et Bib., Erp. Gen., t. V, p. 379.

Sindahdijh. — Assez commun. — Thionk, Diouk, Dakar-Bango, Samatite, Albréda, Zekenkior.

Contrairement aux dires de Smith (*Ill. Zool. S. Afr.*), le *Gerrhosaurus flavigularis* se tient dans les arbustes, et non parmi les feuilles sèches; comme tous ceux de ses congénères que nous avons pu étudier, ses mouvements sont vifs, il saute de branches en branches à la poursuite des Insectes, dont il fait sa nourriture principale.

124. **GERRHOSAURUS NIGROLINEATUS** Hallow.

Gerrhosaurus nigrolineatus Hallow., Proced. Ac. N. Sc. Philad.,
                     1857, p. 49.
    —   Peters., Monat. Ak. d. Wissens. Berlin,
                     1876, p. 118.

Sindahdijh. — Assez commun. — Gambie, Casamence, Mélacorée, Albréda, Sedhiou.

Le Gabon, Angola, le Cap Lopez, sont indiqués comme la patrie exclusive de ce *Gerrhosaurus,* que nous avons recueilli en basse Sénégambie, et dont nous possédons également un magnifique exemplaire provenant de Sedhiou, rapporté en 1865 par notre ami regretté le Dr Cédont.

125. GERRHOSAURUS TYPICUS Dum. et Bib.

Gerrhosaurus typicus Dum. et Bib., Erp. Gen., t. V, p. 383.
       —   Smith., Illustr. Zool. S. Afr., pl. XXXVIII, f. 2
Pleurotuchus typicus Smith., Mag. Zool. and Bot., vol. I, p. 143.

Sindahdïjh. — Peu commun. — Mêmes localités que l'espèce précédente.

Cette espèce du Cap fait également partie de la faune Sénégambienne, où elle a été découverte par le Dr Cédont; l'exemplaire qu'il nous a offert a été capturé par lui dans les environs d'Albréda.

126. GERRHOSAURUS BIBRONI Smith.

(Pl. XII, fig. 1.)

Gerrhosaurus Bibroni Smith., Illustr. Zool. S. Afr., pl. XXXVIII, f. 1.

Sindahïjh. — Commun. — Thionk, Leybar, Diouk, Dakar-Bango, Maringouins.

Le *Gerrhosaurus Bibroni*, l'une des espèces du genre des plus communes en Sénégambie, diffère, au point de vue de la coloration, du type décrit et figuré par Smith (*loc. cit.*); la teinte générale de toutes les parties supérieures est d'un vert olive bronzé et non d'un rouge brun; les deux bandes qui bordent les flancs sont d'un jaune orangé éclatant et non d'un jaune pâle; toutes les régions inférieures ainsi que les côtés de la tête, le cou, les flancs, le ventre et le dedans des membres, sont d'un rouge vermillon brillant. Nous faisons figurer un exemplaire recueilli à l'île de Thiouk, et dont les couleurs ont été prises pendant la vie de l'animal, c'est un mâle adulte; la figure de Smith se rapporte, selon nous, à une femelle, dont les teintes sont moins vives, et dont les parties inférieures sont d'un blanc verdâtre et non rouge vermillon.

Le *Gerrhosaurus Bibroni* se plaît dans les hautes herbes et sur les arbustes qui croissent le long des marigots, son agilité est extrême et ne le cède en rien aux plus rapides de tous les Lacertiliens.

127. GERRHOSAURUS DULIGNONI Rochbr.

(Pl. XII, fig. 2.)

Gerrhosaurus Dulignoni Rochbr., Mss. 1883.

G. — G. BIBRONI SIMILLIMO, SED SCUTO OCCIPITALE QUADRATO, LATO; CAUDA SUBABBREVIATA, CONICA; PORIS FEMORALIBUS 14; SUPERNE OLIVACEO, RUBRO MACULATO; DORSO LINEA RUBRA, LATA, IN UTROQUE LATERE, MARGINATO; GULA, PECTORE, LATERIBUS ABDOMINEQUE CYANEIS.

Corps trapu, quadrangulaire, tête subconique, à museau obtus; plaque occipitale quadrangulaire; queue conique, relativement courte; parties supérieures, olive brillant maculé de rouge vif, une bande rouge règne de chaque côté des flancs, toutes les régions inférieures, les côtés de la tête, la gorge, l'abdomen, le dessous de la queue et le dedans des membres d'un beau bleu céleste.

```
Longueur totale.................................  0m185
   —     de la queue...........................  0 105
```

Sindahijh. — Assez commun. — Thionk, Korr, Leybar, Diouk, Dakar-Bango.

Très voisine du *Gerrhosaurus Bibroni*, cette espèce s'en distingue par la forme de la plaque occipitale, la brièveté relative de la queue, le nombre des pores fémoraux, et sa coloration complètement différente.

Nous sommes heureux de dédier ce type remarquable à M. Dulignon-Desgranges, en témoignage de notre vieille amitié.

Fam. **MACROSCINCIDÆ** Rochbr. (1).

Gen. **MACROSCINCUS** B. du Boc.

128. **MACROSCINCUS COCTEAUI** B. du Boc.

(Pl. XIII, f. 1.)

Macroscincus Cocteaui B. du Boc., J. Sc. Lisb., 1873. *Tir. à part.*
Euprepes Coctei Dum. et Bib., Erp. Gen., t. V, p. 666.
Euprepis Coctei Gray, Cat. Liz., 1845, p. 110.
Euprepes Cocteauii B. du Boc., P. Z. S. of Lond., 1873, p. 703.
Charactodon Cocteaui Trosch., Sitzung. d. Nieder. Gesel. Natur.
Heilk,, 1874, et Arch. Naturg., 1875, p. 121.

Lagartos. — Peu commun. — Ilheo Branco (Îlot Blanc), archipel
du Cap Vert.

La véritable patrie du *Macroscincus Cocteaui* est restée longtemps ignorée; l'histoire de sa découverte, minutieusement résu-
mée par M. Barboza du Bocage (*P. Z. S. of Lond. loc. cit.*), mérite
de nous arrêter un instant; nous ne saurions mieux faire que de
reproduire la note du conservateur du Musée de Lisbonne.

---

(1) Bien que Troschel connût le genre *Macroscincus (loc. cit.)* créé en 1873
(loc. cit.), par M. Barboza du Bocage, pour un grand Scincoïdien décrit en
1839, par Dumeril et Bibron, sous le nom d'*Euprepis Coctei (loc. cit.),* il
proposait cependant pour cette espèce (1874, *loc. cit.*) le genre *Charactodon,*
tiré de la conformation des dents.

Ce genre plus significatif, peut-être, que celui de M. Barboza du Bocage, ne
peut, malgré cela, lui être préféré, car il lui est postérieur; mais la conformation remarquable et exceptionnelle des dents à couronne comprimée et
denticulée sur les bords, chez un type dont tous les autres caractères répondent à ceux des Scincoïdiens, conduit forcément à l'isoler des formes auxquelles jusqu'ici il a été associé; nous croyons donc utile, en commençant l'étude
des espèces de ce groupe, si nombreuses en Sénégambie, de considérer le
Macroscincus Cocteaui comme le type d'une famille que nous inscrivons sous le
nom de *Macroscincidæ.*

« Dumeril et Bibron publièrent, en 1839 (*loc. cit.*), la description d'un Scincoïdien de grande taille, représenté dans les Galeries du Muséum de Paris par un spécimen unique, rapporté du Portugal par E. Geoffroy Saint-Hilaire. Cette espèce fut nommée *Euprepes Coctei*, en l'honneur de Cocteau si prématurément enlevé à la science.

» Dumeril et Bibron ne connaissaient pas l'habitat de l'espèce, mais ils la supposaient vaguement d'origine Africaine. La patrie de cette espèce ne nous est pas connue, disent-ils, mais nous la supposons originaire des côtes d'Afrique.

» Depuis cette époque, malgé le grand développement qu'ont eu dans ces dernières années, les voyages d'exploration, surtout en Afrique, l'*Euprepes Coctei*, n'avait été retrouvé par aucun voyageur, et le spécimen du Muséum de Paris, continuait à être regardé comme la seule preuve matérielle et authentique de son existence quelque part.

» Il y a peu de temps, j'avais découvert au Muséum de Lisbonne, parmi d'autres Reptiles provenant, comme l'exemplaire du Muséum de Paris, de l'ancien *cabinet d'Ajuda*, trois spécimens d'un gros Scincoïdien qui, malgré leur mauvais état de conservation, ressemblaient d'une manière frappante à l'*Euprepes Coctei*. Malheureusement, ces individus, préparés à sec, ne portaient aucune indication d'après laquelle il me fût permis de vérifier leur provenance. Du reste, il paraît que c'était l'habitude dans l'ancien *cabinet d'Ajuda*, de faire disparaître toute indication de ce genre, car nous n'avons pu la trouver dans aucun des exemplaires ayant appartenu à ses collections.

» Le *facies* de l'espèce me faisait partager l'opinion de Dumeril et Bibron, quant à son habitat; je la croyais comme eux Africaine. Cependant, il me semblait peu probable qu'elle dût venir des possessions Portugaises de l'Afrique Occidentale, et j'avais un vague espoir, qu'on la trouverait un jour dans les îles Saint-Thomé ou, du Prince, ou plus probablement, dans celles de l'archipel du Cap Vert.

» Quelques renseignements que j'avais reçu d'un voyageur Français, M. de Cessac, au sujet de l'existence probable d'un *Lacertien* de grande taille dans un îlot inhabité de ce dernier archipel, paraissaient apporter une nouvelle confirmation à ma manière de voir.

» Or mes prévisions viennent en effet de se réaliser; je viens de recevoir trois spécimens vivants, deux adultes et un jeune, de l'*Euprepes Coctei*, identiques, aux anciens spécimens du *Cabinet d'Ajuda* et parfaitement conformes à la description publiée dans l'Erpétologie générale. Ces trois individus, qui m'ont été envoyés de l'île Saint-Iago du Cap Vert par M. le Dr Hopffer, chef de service de santé dans ces îles, ont été pris sur un îlot inhabité, situé à proximité de l'île Saint-Vincent et bien connu sous le nom de *Ilheo-Branco* (îlot blanc.)

» Les spécimens de l'ancienne collection du Muséum de Lisbonne (*Cabinet d'Ajuda*) proviennent du même endroit. Ils ont été envoyés en 1784 par un Naturaliste Portugais, J. da Silva Feijó, avec d'autres produits naturels. J'ai pu retrouver une liste, écrite de la main de Feijó, des produits naturels rassemblés par ce zélé Naturaliste sur l'Ilheo-Branco, parmi lesquels les spécimens de l'*Euprepes Coctei* se trouvent indiqués, sous le nom de *Lagartos,* nom dont on se sert encore aujourd'hui pour les désigner. »

Depuis la publication de cette note, le Muséum de Paris a reçu, à deux reprises différentes, de M. le Contre-Amiral Perrier d'Hauterive et de M. Delaunay, Lieutenant à bord de l'*Alceste,* plusieurs couples du *Macroscincus Cocteani;* tout dernièrement encore, la campagne d'exploration du *Talisman* en procurait d'autres exemplaires.

D'après M. Barboza du Bocage, qui l'a exactement décrit, le genre *Macroscincus* présente les caractères suivants : « Palais non denté, à échancrure profonde et triangulaire; langue légèrement fendue à la pointe, plate, squameuse; dents (à l'exception des antérieures de la mâchoire supérieure qui sont coniques) à couronne comprimée et dentelée sur les bords, à l'instar des dents d'Iguane; narines percées vers le bord postérieur de la nasale; deux supéro-nasales; une série de plaques sous-oculaires placées entre les sous-labiales et l'œil; écailles du tronc disposées en un nombre très considérable de séries longitudinales, celles du tronc et des flancs carénées, généralement à deux carènes, celles des régions inférieures, de la queue et des membres plus grandes et lisses.

« Par l'existence de supéro-nasales, fait observer M. Barboza du Bocage, et par ses écailles carénées, le genre *Macroscincus* res-

8

semble aux *Euprepes;* mais, par ses plaques sous-oculaires, et par l'absence de dents au palais, il se rapproche davantage des *Tropidolepisma* et d'autres genres Australiens; enfin, ses dents à couronne dentelée, et le nombre considérable de ses rangées d'écailles lui accordent une place tout à fait à part parmi les Scincoïdiens. »

L'excellente description de Dumeril et Bibron nous dispense de donner une nouvelle diagnose du *Macroscincus Cocteaui,* dont nous donnons une figure faite d'après un des spécimens vivants rapportés par le *Talisman.*

D'après M. le Professeur A. Milne Edward (1), ce sont des animaux fort paisibles et qui ne cherchent pas à se défendre, ils se logent toujours à une certaine altitude, au milieu des éboulis de rochers, et se cachent dans des trous profonds où le bras a peine à les atteindre, mais ils s'y laissent prendre sans difficulté ; leur alimentation est exclusivement végétale et se compose principalement des graines du *Calotropis procera.*

Avant les recherches du *Talisman* à l'Ilheo-Branco, M. le Professeur L. Vaillant avait étudié le *Macroscincus Cocteaui* vivant à l'état de captivité, et il résumait ses observations dans les Comptes-rendus de l'Académie des Sciences (2).

« Les Macroscinques, dit-il, grimpent avec une certaine agilité le long des rochers; à la ménagerie il ne sortent que le soir et restent cachés sous les abris la plus grande partie du jour; les habitants du pays où ils vivent avaient assuré à M. Delaunay que la nourriture principale de ces animaux, sans parler d'Insectes qu'ils peuvent rencontrer, consistait en œufs et couvées d'Oiseaux de mer qui nichent dans ces parages, mais nous n'avons pu leur faire accepter qu'une alimentation végétale, consistant tantôt en feuilles de Chou, tantôt en herbes, en Pommes et même en pain trempé. »

Suivant une tradition locale, le *Macroscincus Cocteaui,* aujourd'hui localisé uniquement à l'Ilheo-Branco, aurait habité, en nombre, d'autres îles de l'archipel du Cap Vert, et notamment à

---

(1) L'*Expédition du Talisman,* in Bull. Ass. Scient. France, 16-23 décembre 1883, p. 18-20.

(2) T. XCIV, 1882, p. 811-812.

l'île de Saint-Vincent ou pendant une longue famine, il aurait été très recherché comme aliment et, par suite, il serait disparu détruit par les habitants ; quelques exemplaires seuls, perdus sur l'Ilheo-Branco, auraient propagé l'espèce dans les localités presque inaccessibles où on la rencontre aujourd'hui.

Fam. **EUPREPISIDÆ** Bocourt (1).

Gen. **EUPREPES** Wagl. (2).

129. EUPREPES QUINQUETÆNIATUS Wagl.

Euprepes quinquetæniatus Wagl., Nat. Syst. Amph., p. 162.
— *Savignyi* Dum. et Bib., Erp. Gen., t. V, p. 677.
Mabuya quinquetæniata Fitz, Werz. Neue Class. Rept., p. 52.
Scincus Savignyi Aud., Descr. Egyp. Rept., t. I, Supp., p. 177, pl. II,
f. 3.

Sibé. — Assez commun. — Kita, Saldé, Maïna, Gangaran, Makana, Thionk, Korr.

---

(1) Plusieurs classifications ont été successivement proposées, pour le grand groupe des *Scincoïdiens;* seul, le système de Dumeril et Bibron a été adopté. Les trois sous-familles des *Saurophthalmes*, des *Ophiophthalmes* et des *Typhlophthalmes*, des auteurs de l'*Erpétologie Générale* (t. V), ne répondent plus aux besoins de la science, car elles reposent sur des caractères d'une valeur secondaire, et se composent d'un mélange de types parfois trop hétérogènes.

Se fondant sur la structure, la présence ou l'absence de plaques ostéodermiques, indépendamment d'autres caractères tirés de l'organisation des animaux, M. Bocourt vient de donner récemment (*Mis. Sc. Mix. Zool.*, t. III, p. 476, 482; 1881) une nouvelle classification *des Scincoïdiens;* c'est cette classification que nous suivons ici, car elle nous paraît avoir l'avantage de grouper les types suivant une méthode des plus naturelles.

(2) Les noms génériques : *Euprepes* et *Euprepis*, Wagl.; *Mabuya*, Fitz.; *Tiliqua*, Gray; ont été tour à tour donnés à la majeure partie des espèces comprises dans la famille des *Euprepisidæ;* ces mots ayant tous une valeur semblable, il était indispensable d'en choisir un. Il est vrai que suivant une MODE TUDESQUE, nous pouvions les *accepter tous,* puisque dans certains

Cet *Euprepes,* d'Égypte et d'Abyssinie, occupe plus particulièrement le Nord-Est de la Sénégambie; nous l'avons exceptionnellement rencontré dans l'Ouest notamment à Korr et à Thionk où il est rare.

130. EUPREPES BREVICEPS Peters.

Euprepes breviceps Peters, Monat. Ak. d. Wissens. Berlin, 1873, p. 604.

Sibé. — Peu commun. — Gambie, Casamence, Mélacorée, Albréda, Ile aux Chiens.

Le type provient du Gabon et des monts Cameroons.

131. EUPREPES SEPTEMTÆNIATUS Reuss.

Euprepes septemtæniatus Reuss., Zool. Misc. Mus. Senck., t. I, p. 47, tab. III, f. 1.
 — Dum. et Bib., Erp. Gen., t. V, p. 680.

Sibé. — Rare. — Kita, Maïna, Gangaran, Mont-Fouti, Banionkadougou.

Cette espèce Abyssinienne est localisée dans la haute Sénégambie.

---

ouvrages modernes, justement appréciés du reste, on se heurte à des qualificatifs tels que ceux-ci, par exemple : *Euprepes* (MABUYA) *breviceps; Tiliqua* (EUPREPES) *Fernandi; Euprepes* (TILIQUA) *Guineensis,* etc., etc. ; mais ne voyant dans cet assemblage bizarre qu'une application déplorable du terme *sous-genre,* mot *aussi vide de sens* que cet autre mot : *sous-espèce,* nous n'en tenons aucun compte, laissant aux partisans des accouplements hybrides, le soin de protéger leurs produits.

Le genre *Euprepes,* créé en 1830 par Wagler, bien que postérieur de quelques années à celui de *Mabuya,* de Fitzenger, est celui que nous choisissons par la raison que le nom *Mabuya* étant un nom barbare (*vox barbara* (Linné)), il doit être écarté, en vertu des lois de la nomenclature; quant au nom *Tiliqua,* comme il remonte à l'année 1839, il doit forcément passer en synonymie.

132. EUPREPES PERROTTETI Dum. et Bib.

Euprepes Perrotteti Dum. et Bib., Erp. Gen., t. V, p. 669.

Sibé. — Commun. — Podor, Dagana, Saldé, Thionk, Leybar, Korr, Dakar-Bango, Sorres, Hann, Joalles, Cap Vert, Albréda, Sedhiou.

L'*Euprepes Perrotteti,* l'une des espèces les plus communes de la Sénégambie, a été découvert par Perrottet; le type ayant servi à la description de Dumeril et Bibron, existe dans les Galeries du Muséum de Paris; chez l'animal vivant, les taches des régions supérieures sont rouges et non pas jaunâtres comme le disent Dumeril et Bibron, les flancs sont rouges, non pas lavés de fauve, le dessous rosé et non pas d'un blanc jaunâtre.

133. EUPREPES PUNCTATISSIMUS Smith.

Euprepes punctatissimus Smith., Ill. Zool. S. Afr., pl. XXXI, fig. l.

Sibé. — Peu commun. — Gambie, Casamence, Albréda, Ile aux Chiens, Bering, Samatite, Cagnac-Cay.

Cette espèce habite également le Cap et Angola.

134. EUPREPES OLIVIERI Dum. et Bib.

Euprepes Olivieri Dum. et Bib., Erp. Gen., t. V, p. 674.
      —   Smith, Ill. Zool. S. Afr., pl. XXI, fig. 3-4.
Scincus vittatus Aud., Descr. Egypt. Rept., t. I, pl. II, Supp., pl. V.

Sibé. — Assez commun. — Mêmes localités que l'espèce précédente.

L'*Euprepes Olivieri,* du Cap, d'Angola, d'Égypte, fréquent dans la basse Sénégambie, a été observé exceptionnellement dans le Nord-Est, d'où M. le Dr Ludovic Savatier en a rapporté un spécimen recueilli à Saldé.

135. EUPREPES BINOTATUS B. du Boc.

Euprepes binotatus B. du Boc., J. Sc. Lisb., 1867, p. 223, pl. III, fig. 3.

Sibé. — Rare. — Mélacorée, Gambie, Casamence, Wagran, Gilfré.

M. Barboza du Bocage (*loc. cit.*) rapporte, d'après M. Anchieta, que cette espèce, dans le Benguela, se plaît dans les ruines, les fentes de murs, etc. En Sénégambie, elle habite les sables, les brousailles, sans plus se singulariser que les autres espèces.

136. EUPREPES DELALANDII Dum. et Bib.

Euprepes Delalandii Dum. et Bib., Erp. Gen., t. V, p. 690.
   —   *venustus* Gravenh., Proced. Ac. N. Sc. Philad., 1857, p. 195.

Sibé. — Assez commun. — Mêmes localités que l'espèce précédente.

D'abord découverte au Cap, puis citée d'Angola par M. Barboza du Bocage, cette espèce, que nous avons observée dans la basse Sénégambie, existerait dans l'archipel du Cap Vert, à l'Ilheo-Raso, d'après Gravenhorst (*loc. cit.*); l'*Euprepes venustus* de cet auteur est identique à l'*Euprepes Delalandii* de Dumeril et Bibron.

137. EUPREPES GRAVENHORSTII Dum. et Bib.

Euprepes Gravenhorstii Dum. et Bib., Erp. Gen., t. V, p. 686.

Sibé. — Rare. - Gambie, Casamence, Monsor, Ile aux Éléphants, Ghimberinghe.

L'aire d'habitat de cette espèce s'étend du Cap à Angola et à la basse Sénégambie; Dumeril et Bibron en indiquent un spécimen provenant de Madagascar.

138. EUPREPES ISSELI Peters.

Euprepes Isseli Peters, Monat. Ak. d. Wissens. Berlin, 1871, p. 567.

Sibé. — Rare. — Mêmes localités que l'espèce précédente.

139. EUPREPES FOGOENSIS O'Shaug.

Euprepes Fogoensis O'Shaug., Ann. Nat. Hist., 4e sér., t. XIII, p. 300.

Ilheo-Raso, Archipel du Cap Vert.

Ne connaissant pas cette espèce nous l'inscrivons d'après les indications de O'Shaughnessy.

140. EUPREPES HŒPFFERI B. du Boc.

Euprepes Hœpfferi B. du Boc., J. Sc. Lisb., 1875, p. 110.

Ilheo-Raso, Archipel du Cap Vert.

Nous faisons pour cette espèce les mêmes observations que pour la précédente et nous l'indiquons d'après M. Barboza du Bocage.

141. EUPREPES FERNANDI Burt.

Euprepes Fernandi Burt., P. Z. S. of Lond., 1844, p. 137.
    —   — Gray, Cat. Liz, 1845, p. 110.
    — *striatus* Hallow., Trans. Phil. Sc. Philad., 1857, p. 75.

Rare. — Gambie, Mélacorée, Ghimberinghe, Samatite, Monsor.

Fernando-Po, Libéria et la basse Sénégambie sont les seules régions où cette espèce avait été jusqu'ici observée.

142. EUPREPES BIBRONI Dum. et Bib.

Euprepes Bibroni Dum. et Bib., Erp. Gen., t. V, p. .
Tiliqua Bibroni Gray, Cat. Liz., 1845, p. 111.

Sibé. — Assez commun. — Diouk, Korr, Albréda, Samatite, Sainte-Mary, Thionk, Leybar.

143. EUPREPES GUINEENSIS Peters.

Euprepes Guineensis Peters, Monat. Ak. d. Wissens. Berlin, 1879.
p. 773, pl. I, fig. 1 *(Tête)*.

Sibé. — Rare. — Gambie, Mélacorée, Casamence, Ile aux Éléphants.

Nous ne pouvons rapporter qu'à cette espèce, les spécimens de la basse Sénégambie que nous devons à l'obligeance de M. le Dr Savatier.

144. EUPREPES BLANDINGII Hallow.

Euprepes Blandingii Hallow, Trans. Phil. Sc. Philad., 1857, p. 76.

Sibé. — Rare. — Mêmes localités que l'espèce précédente.

145. EUPREPES MACULILABRIS Gray.

Euprepes maculilabris Gray, Cat. Liz., 1845, p. 114.

Sibé. — Assez commun. — Thionk, Leybar, Korr, Diouk, Maringouins, Samatite.

Cette espèce, rare dans les collections, est cependant assez fréquente dans toute la Sénégambie.

146. EUPREPES RADDONI Gray.

Euprepes Raddoni Gray, Cat. Liz., 1845, p. 112.

Sibé. — Assez commun. — Gambie, Casamence, Mélacorée, Ile aux Chiens, Samatite.

De même que l'*Euprepes maculilabris*, l'*Euprepes Raddoni* a été rarement rapporté par les explorateurs; un peu moins commun, il se localise dans la basse Sénégambie, seule région d'où il nous soit parvenu.

147. EUPREPES HARLANI Hallow.

Euprepes Harlani Hallow, Trans. Phil. Sc. Philad., 1857, p. 75.
Plestiodon Harlani Hallow, Proced. Ac. N. Sc., vol. II, p. 175.

Sibé. — Rare. — Gambie, Casamence, Mélacorée, Albréda, Sedhiou.

Le jaune éclatant des parties supérieures de cet *Euprepes,* les ponctuations blanches sur le fond brun sombre de la tête, les bandes brunes, bordées de blanc, disposées en travers, permettent de le distinguer à première vue de tous ses congénères. Nous devons au Capitaine Daboville un exemplaire adulte capturé à Sedhiou.

Fam. **SCINCIDÆ** Gray.

Gen. **SCINCUS** Laur.

148. SCINCUS OFFICINALIS Laur.

Scincus officinalis Laur., Synop. Rept., p. 55.
       —   Dum. et Bib., Erp. Gen., t. V, p. 564.
Lacerta Scincus Hasselq., Act. Upsal, 1744-1750, p. 30.
       —   Lin., Syst. Nat., p. 205.
Le Scinque Lacép., Quad. Ovip., t. I, p. 373, pl. XXIII.
Le Scinque des pharmacies Cuv., R. An., t. II, p. 53.

Jahl. — Assez commun. — Portendik, Aleb, Gaser-El-Barka, Cap Mirik, Elimané, Kaïdé, Pointe des Chameaux, Sorres, les Maringouins.

Le *Scincus officinalis* est répandu sur la majeure partie du continent Africain; en Sénégambie, il est plus spécialement cantonné dans les régions voisines de la limite du désert. Il vit au milieu des sables brûlants, sans cesse à la chasse des Insectes, fuyant au moindre bruit et s'enfonçant avec une rapidité extrême dans le sol mobile, il est quelquefois employé dans la Thérapeutique des Nègres et surtout des Maures, chez lesquels il passe pour avoir des propriétés antisyphilitiques.

Gen. **PEDORYCHUS** Peters.

149. **PEDORYCHUS HEMPRICHII** Peters.

Pedorychus Hemprichii Peters, Monat. Ak. d. Wissens, Berlin, 1864, p. 44.
Scincus Hemprichii Wiegm., Arch. F. Naturg., t. III, p. 127, 1837.

Jahl. — Assez rare. — Maïna, Boukarie, Taalari, Gangaran, Medine.

Le haut Sénégal est la seule région où nous ayons rencontré cette espèce Abyssinienne.

Gen. **GONGYLUS** Wagl.

150. **GONGYLUS OCELLATUS** Wagl.

Congylus ocellatus Wagl., Nat. Syst. Amph., p. 162.
　　　　— 　　　　Dum. et Bib., Erp. Gen., t. V, p. 616.
Scincus occellatus Daud., H. N. Rept., t. IV, p. 308, pl. LVI.

Jahl. — Assez commun. — Guettala, Makana, Bandoubé, Talaari, Thionk, Korr, Sorres.

Les spécimens que nous avons recueillis à Thionk, Korr, etc., ceux de la haute Sénégambie, capturés par M. le Dr Colin, ne peuvent laisser aucun doute sur la présence de cette espèce dans les régions que nous étudions.

151. GONGYLUS VIRIDANUS Gravench.

Gongylus viridanus Gravenh., Act. Nov. Ac. Cœs. Leop., t. XXIII, p. 348.
Seps viridanus Gunth., P. Z. S. of Lond., 1871, p. 243.

Jahl. — Rare. — Kaïdé, Aleb, Portendik, Elimane, Cap Mirik, Cap Blanc, Agnitier.

Cette espèce est indiquée par Gunther et Gravenhorst comme habitant le Nord-Ouest de l'Afrique et Ténériffe.

Nos exemplaires Sénégambiens proviennent de la limite extrême du désert.

Fam. SEPSIDÆ Gray.

Gen. SPHENOPS Wagl.

152. SPHENOPS CAPISTRATUS Wagl.

Sphenops capistratus Wagl., Nat. Syst. Amph., p. 161.
—   —   Dum. et Bib., Erp. Gen., t. V, p. 578.
—   *sepsoïdes* Reuss., Mus. Senek., p. 64.
—   —   Gunth., P. Z. S. of Lond., 1871, p. 241.

Silmajajk. — Peu commun. — Leybar, Thionk, Pays des Serrères, Oualo, Gandiole, Albréda, Kaour, Guettala, Dianoch.

C'est avec doute que Gunther indique cette espèce au Sénégal où nous l'avons observée à plusieurs reprises.

Gen. **ANISOTERMA** A. Dum.

153. ANISOTERMA SPHENOPSIFORME A. Dum.

Anisoterma sphenopsiforme A. Dum., Rev. et Mag. Zool., 1856,
p. 421, et Arch. Mus., t. X, p. 181,
pl. XV, f. 3, 1858-1861.
Sphenops meridionalis Gunth., P. Z. S. of Lond., 1871, p. 242.

Silmajajh. — Assez commun. — Thionk, Diouk, Leybar, Gandiole,
Joalles, Hann, M'Bao.

M. Gunther (*loc. cit.*) déclare *sans s'appuyer sur aucun raisonnement,* que le genre *Anisoterma* de A. Dumeril ne diffère en rien du genre *Sphenops* et, de l'*Anisoterma Sphenopsiforme,* il fait son *Sphenops meridionalis;* il ajoute que le British Museum possède un exemplaire de cette espèce capturé au Sénégal par M. Parzudaki.

M. Gunther commet tout simplement une de ces erreurs familières aux Naturalistes d'Outre-Manche; si, en effet, le genre *Anisoterma*, possède comme le genre *Sphenops*, un museau cunéiforme arrondi, des flancs anguleux à leur région inférieure, et quatre membres, en revanche *ses membres antérieurs,* courts et grêles, sont terminés par DEUX DOIGTS, ses *postérieurs* par QUATRE DOIGTS, tandis que les *quatre membres antérieurs et postérieurs* des *Sphenops* sont *chacun* terminés par CINQ DOIGTS. (*Voir* Dum. et Bib., *Erp. Gen.,* t. V, p. 577, et A. Dum., *loc. cit.*

Il serait superflu d'insister sur ces différences capitales, nous nous bornons à accepter le genre *Anisoterma* et à reléguer à la synonymie l'espèce de M. Gunther.

Gen. **SCELOTES** Fitz.

154. SCELOTES BIPES Gray.

Scelotes bipes Gray, Cat. Liz., 1845, p. 123.
Anguis bipes Lin., Syst. Nat., p. 1079.

Scelotes Linnæi Dum. et Bib., Erp. Gen., t. N, p. 785.
Le Lézard bipède Latr., Hist. Nat. Rept., t. II, p. 93.

Silmajajh. — Rare. — Gambie, Casamence, Mélacorée, **Kaour**, Dianoch, Zekinkior, Macka.

Gen. **SEPSINA** B. du Boc.

155. **SEPSINA ANGOLENSIS** B. du Boc.

Sepsina Angolensis B. du Boc., J. Sc. Lisb., 1866, p. 62, pl. I, fig. 1.

Silmajajh. — Rare. — Kaour, Dianoch, Mélacorée.

L'espèce type du genre créé par M. Barboza du Bocage **a été** découverte dans la basse Sénégambie par le Dr Cédont.

Gen. **DUMERILIA** B. du Boc. (1).

156. **DUMERILIA BAYONII** B. du Boc.

Dumerilia Bayonii B. du Boc., J. Sc. Lisb., 1866, p. 63.

Silmajajh. — Rare. — Mêmes localités que l'espèce précédente.

C'est également au Dr Cédont que nous devons de connaître cette rare espèce.

---

(1) Le genre *Dumerilia* a été proposé par M. Barboza du Bocage, en novembre 1866 *(loc. cit.)*; en juillet 1867, M. Grandidier créait le même genre *Dumerilia*, pour une Tortue d'eau douce de Madagascar (*Rev. et Mag. Zool.*, 1867, p. 232); ce nom étant postérieur au premier, doit être rejeté. Si, comme nous le croyons, le genre *Grandidieria* n'existe· pas encore, nous proposons de l'appliquer au *Dumerilia* de M. Grandidier.

Gen. **HERPETOSAURA** Peters.

157. HERPETOSAURA OCCIDENTALIS Peters

Herpetosaura occidentalis Peters, Monat. Ak. d. Wissens, Berlin,
1877, p. 416.

Silmajajh. — Rare. — Mélacorée, Dianoch, Kaour, Gourba.

L'*Herpetosaura occidentalis* des monts Cameroon, remonte
dans la basse Sénégambie où il a été découvert par le Dr Carpentin.

Fam. **LYGOSOMIDÆ** Bocourt.

Gen. **MOCOA** Gray.

158. MOCOA AFRICANA Gray.

Mocoa Africana Gray, Cat. Liz., 1845, p. 83.

Rare. — Macandianbongou, Guettala, Ouarkhokh.

159. MOCOA REICHENOVII Peters.

Mocoa Reichenovii Peters, Monat. Ak. d. Wissens, Berlin, 1874,
p. 160.

Rare. — Mélacorée, Dianoch, Gourba.

La haute et la basse Sénégambie possèdent comme on le voit,
chacune une espèce de ce genre, leur découverte dans ces deux
régions est due à nos collègues les Drs Cédont et Carpentin.

Gen. **ABLEPHARUS** Fitz.

160. **ABLEPHARUS QUINQUETÆNIATUS** Gunth.

Ablepharus quinquetæniatus Gunth., P. Z. S. of Lond., 1874, p. 296.

Silmajajh. — Rare. — Matam, M'Boul, Khorkhol, Guellé.

M. Gunther, en donnant cette espèce de la côte Ouest d'Afrique, ne précise aucune localité; elle a été trouvée dans la haute Sénégambie par le Capitaine Daboville.

Fam. **ACONTIADÆ** Gray.

Gen. **ACONTIAS** Cuv.

161. **ACONTIAS MELEAGRIS** Cuv.

Acontias meleagris Cuv., R. An., t, II, p. 71.
         —   Dum. et Bib., Erp. Gen., t. V, p. 802.
Anguis meleagris Lin., Syst. Nat., p. 390.
Eryx meleagris Daud., H. N. Rept., t. VII, p. 272.
La Peintade Daub., Encycl. Meth., p. 662.

Sadée. — Assez commun. — Mélacorée, Gambie, Casamence, Albréda, Zekinkior.

162. **ACONTIAS NIGER** Peters.

Acontias Niger Peters, Monat. Ak. d. Wissens, Berlin, 1854, p. 619.

Sadée. — Rare. — Mêmes localités que l'espèce précédente.

Cet *Acontias,* très voisin du précédent, en diffère surtout par son mode de coloration; M. le Dr L. Savatier nous en a procuré un spécimen pris à Zekinkior.

Gen. **TYPHLACONTIAS** B. du Boc.

163. TYPHLACONTIAS PUNCTATISSIMUS B. du Boc.

Typhlacontias punctatissimus B. du Boc., J. Sc. Lisb., 1873, n° XV,
extr., p. 5.

Sadée. — Très rare. — Gambie, Mélacorée, Ile aux Chiens.

L'exemplaire de cette espèce, que nous devons à l'obligeance
du Capitaine Daboville, ne diffère en rien du type décrit par
M. Barboza du Bocage, provenant de l'intérieur des Mossamides.

Fam. **TYPHLOPHTHALMIDÆ** Rochbr.

Gen. **FEYLINIA** Gray.

164. FEYLINIA CURRORI Gray.

Feylinia Currori Gray, Cat. Liz., 1845, p. 129.
—   B. du Boc., Sc. Lisb., 1873, p. 5.

Sadée. — Peu commun. — Gambie, Casamence, Mélacorée, Dianoch.

Gen. **ANELYTROPS** A. Dum.

165. ANELYTROPS ELEGANS A. Dum.

(Pl. XIV, fig. 1.)

Anelytrops elegans A. Dum., Rev. Zool., 1856, p. 420, pl. XXII,
f. 1.
—   A. Dum., Arch. Mus., t. X, p. 182, 1858-1861.
—   B. du Boc., Sc. Lisb., 1866, p. 45.
Acontias elegans Hallow., Proced. Ac. N. Sc. Philad., 1852, p. 64.

Sadée. — Peu commun. — Ile aux Chiens, Cagnac-Cay, Wagran, Gilfré.

M. Barboza du Bocage, après avoir accepté, en 1866 (*loc. cit.*), le genre *Anelytrops*, de A. Dumeril, revient sur cette opinion en 1873 (*Jorn. Sc. Lisb.*, p. 6), et considère l'*Anelytrops elegans* comme identique au *Feylinia Currori*; il insiste plus particulièrement sur le nombre des plaques labiales, pour montrer la parfaite ressemblance des deux types.

« Chez le *Feylinia Currori*, dit-il, nous comptons quatre ou cinq labiales supérieures dont la troisième se trouve au-dessous de la plaque oculaire, et trois labiales inférieures; l'ouverture de la bouche se prolonge au delà de l'œil, de sorte que le nombre réel des labiales supérieures, s'accroît d'une ou deux plaques, après la troisième qui s'articule à la plaque oculaire.

A. Dumeril et Hallowell citent chez l'*Anelytrops elegans*, à peine 3 labiales supérieures et un égal nombre de labiales inférieures; mais, « tout nous porte, disent-ils, à admettre que ces différences, d'une importance secondaire, doivent être attribuées à de simples erreurs d'observation, ou regardées comme des variations individuelles, peut-être même en rapport avec des différences d'âge. »

Nous ne partageons pas la manière de voir de M. Barboza du Bocage, car les raisons qu'il fait valoir pour réunir les deux genres et les deux espèces sont précisément celles qui nous conduisent à les séparer.

Les 4 ou 5 plaques labiales supérieures de l'un, les 3 labiales supérieures de l'autre, l'ouverture de la bouche prolongée au delà de l'œil chez le premier, s'arrêtant au niveau de l'œil chez le second, sont des différences qui, pour nous, ne peuvent dépendre de variations individuelles encore moins de différences d'âge; nous citerons encore la coloration brun foncé uniforme du *Feylinia Currori;* brun tiqueté de plus clair à l'extrémité de chaque écaille chez l'*Anelytrops elegans*, et nous continuerons. comme d'autres Naturalistes, à différencier les deux types, et à les inscrire dans deux genres voisins, mais distinctement caractérisés.

Gen. **TYPHLOPHTHALMUS** Rochbr.

166. TYPHLOPHTHALMUS CUVIERI Rochbr.

Typhlophthalmus Cuvieri Rochbr., Mss., 1883.
Typhline Cuvieri Wieg., Herp. Mex., p, 11.
     —   Dum. et Bib., Erp. Gen., t. V, p. 836.
Acontias cœcus Cuv., R. An., t. II, p. 60.

Sadée. — Rare. — Ile aux Chiens, Cagnac-Cay, Gilfré, Zekin-kior.

Cette espèce du Cap remonte dans la basse Sénégambie.

La parfaite identité du nom générique *Typhline* donné par Wiegmann, en 1834, à l'espèce que nous étudions, avec le nom *Typhlina* créé par Wagler en 1830 pour un genre de Serpents Opotérodontes, nécessite le rejet de l'un de ces deux noms ; celui de Wiegmann étant postérieur, doit nécessairement disparaître.

L'*Acontias cœcus* de Cuvier, devenu le *Typhline Cuvieri* de Wiegmann, accepté par tous les Herpétologistes, est devenu le type de la famille des *Typhlinidæ ;* Dumeril et Bibron, tout en adoptant, à tort, le genre *Typhline*, l'inscrivent dans leur famille des *Typhlophthalmes* comprenant les seuls genres *Feylinia, Dibamus* et *Typhline.* Comme cette famille est antérieure à celle des *Typhlinidæ,* nous croyons devoir lui donner la préférence ; comme, en outre, les noms génériques *Typhline* et *Typhlina* font double emploi, laissant le plus ancien aux Ophidiens, comme l'a compris Wagler, nous désignons le genre de Wiegmann par un nom tiré de la famille même de Dumeril et Bibron, et le genre *Typhline* devient le genre *Typhlophthalmus.*

Le *Typhlophthalmus Cuvieri* se tient caché pendant le jour sous les feuilles et les herbes sèches; on l'observe seulement le soir, moment où il chasse les petits Insectes.

PROTOPHIDII Duv. (*pro parte*) (1).

ANNULATI Wieg.

Fam. TROGONOPHIDÆ Gray.

Gen. TROGONOPHIS Kaup.

167. TROGONOPHIS WIEGMANNI Kaup.

Trogonophis Wiegmanni Kaup., Isis., p. 880, tab. VIII, fig. 1.
—   Dum. et Bib., Erp. Gen., t. V, p. 469.
Amphisbæna elegans P. Gerv., Bull. Sc. Nat., France, 1835, p. 135.
—   P. Gerv., Mag. Zool., 1836, pl. XI.

---

(1) « Les Amphisbæniens, dit A. Dumeril (*Rev. Zool.*, 1852, p. 315), peuvent établir un lien entre les Sauriens et les Serpents ; ils doivent prendre un rang plus élevé que celui de famille ou de tribu, mais doivent-ils former un ordre ? Il ne répond point à cette question ; cependant, si l'on s'appuie sur les caractères importants tirés de l'organisation de ces animaux, on doit conclure par l'affirmative. Plusieurs Naturalistes, tout en partageant cette manière de voir, ne sont pas allés jusqu'à les élever au rang d'ordre. Wiegmann, entre autres, s'est borné à en faire la division des *Annulati*, qu'il classait dans l'ordre des Sauriens ; seul, Gray les en a définitivement séparés ; seulement en les plaçant à côté des Crocodiles, il s'est étrangement mépris, et l'on est conduit à reconnaître dans cet assemblage disparate, l'indice évident de la sénilité de son esprit.

Duvernoy, dans ses *Leçons d'Histoire Naturelle*, p. 140, avait également proposé l'ordre des *Protophidii*, et sous ce vocable il classait les *Acontias*, les *Amphisbæna* et les *Typhlops*, se basant uniquement sur la configuration extérieure du corps.

Cette réunion de types n'a pas aujourd'hui sa raison d'être : les *Acontias* ont leur place marquée parmi les *Lacertiliens;* les *Typhlops*, suivant l'opinion universellement admise, appartiennent aux *Ophidiens;* les *Amphibæniens*, du moment où on les considère comme ordre, doivent donc être classés sous le nom proposé par Duvernoy, ce nom ayant le double avantage d'être le plus ancien et de figurer, pour ainsi dire, les caractères les plus saillants des formes qu'il renferme.

Nous acceptons donc l'ordre des *Protophidii*, dont les *Annulati* de Wiegmann deviennent la première et unique division.

Sadée. — Rare. — Portendik, Cap Mirik, Jarra, Farani, Elimane.

Le *Trogonophis Wiegmanni,* propre au Nord de l'Afrique, à l'Algérie, à Tanger, au Maroc, est une de ces espèces que l'on voit s'acheminer le long des régions littorales et descendre jusqu'à la limite désertique de la Sénégambie.

Fam. **AMPHISBÆNIDÆ** C. Bp.

Gen. **AMPHISBÆNA** Lin.

168. AMPHISBÆNA QUADRIFRONS Peters.

Amphisbæna quadrifrons Peters, Monat. Ak. d. Wissens, Berlin, 1879, p. 277.

Sadée. — Rare. — Mélacorée, Zekinkior, Ile aux Éléphants, Dianoch, Gourba.

Les exemplaires de la basse Sénégambie ne diffèrent en rien de ceux du Sud-Ouest Africain, décrits par Peters et provenant de « Damaraland ».

Gen. **CYNISCA** Gray.

169. CYNISCA LEUCURA Gray.

Cynisca leucura Gray, Cat. ; Shield., Rept., 1872, p. 71.
Amphisbæna leucura Dum. et Bib., Erp. Gen., t. V, p. 498.

Sadée. — Assez rare. — Mêmes localités que l'espèce précédente.

Par son mode de coloration tout particulier et dont le trait principal consiste dans la teinte d'un blanc pur de l'extrémité de la queue, cette espèce, de la côte de Guinée, du Calabar, de Liberia et de la basse Sénégambie, ne peut être confondue avec aucune autre.

Gen. **OPHIOPROCTES** Bouleng.

170. OPHIOPROCTES LIBERIENSIS Bouleng.

Ophioproctes Liberiensis Bouleng., Soc. Zool. France, 1878, p. 301.

Sadée. — Rare. — Casamence, Mélacorée, Gambie, Maloumb, Monsor, Cagnac-Cay.

Ce type remarquable, découvert à Liberia, a été depuis retrouvé en basse Sénégambie par le Dr Carpentin.

Fam. **CEPHALOPELTIDÆ** Gray.

Gen. **MONOTROPHIS** Smith.

171 MONOTROPHIS SPHENORHYNCHUS Peters.

Monotrophis sphenorhynchus Peters, Monat. Ak. d. Wissens, Berlin, 1879, p. 275.
Lepidosternon sphenorhynchum Strauch., Mem. Ac. Sc., St-Petersb., 1882, p. 465, et Tir. à part.

Sadée. — Rare. — Mélacorée, Maloumb, Gourba, Diauoch.

Cette espèce s'étend de l'Est à l'Ouest de l'Afrique; elle a été capturée en Mosambique, à Angola et dans le Sud de la Sénégambie.

Fam. **LEPIDOSTERNIDÆ** Gray.

Gen. **PHRACTOGONUS** Hallow.

172. PHRACTOGONUS GALEATUS Hallow.

Phractogonus galeatus Hallow., Proced. Ac. Sc. Philad., 1852, t. VI, p. 62.

Lepidosternon galeatum Strauch., Mem. Ac. Sc. Saint-Petersb., 1882,
p. 465 et Tir. à part.

Sadée. — Assez rare. — Mêmes localités que l'espèce précédente.

Jusqu'ici, elle avait été observée seulement à Liberia.

173. PHRACTOGONUS DUMERILLI Strauch.

(Pl. XIV, fig. 2.)

Phractogonus Dumerilli Strauch., Mem. Ac. Sc. Saint-Petersb., 1882,
p. 467 et Tir. à part.
—   _galeatus_ A. Dum. (_non Hallow._), Rev. et Mag. Zool.,
1856, p. 424, et Arch. Mus., t. X, p. 184

Sadée. — Assez rare. — Gambie, Casamence, Itou, Cagnac-Cay
Ghimberinghe.

A. Dumeril (_Arch. Mus., loc. cit._, p. 184) déclare avoir trouvé
sur trois exemplaires de l'espèce qui nous occupe, provenant du
Gabon, les principaux caractères existant sur le type de Liberia
décrit par Hallowell sous le nom de _Phractogonus galeatus_ ;
« je ne constate, dit-il, que de petites différences qui ne suffisent
pas pour motiver une distinction spécifique.

« Ainsi, 1º et c'est la dissemblance la plus importante, au lieu
de : dents intermaxillaires : 1--1; maxillaires : $\frac{4-4}{5-5}$, je compte,
comme sur les Amphisbéniens dont on a pu étudier le système
dentaire, un nombre impair de dents intermaxillaires; la médiane
est la plus forte et la plus longue; il y en a 7, et maxillaires : $\frac{3-3}{6-6}$

» 2ᵉ Parmi les quatre scutelles placées le long du bord de la
rostrale, ce sont les externes et non les médianes, fort petites au
reste, qui sont percées par les narines.

» 3ᵉ Quoique le nombre et la disposition des plaques du sternum soient semblables, il y a de légères différences dans leur
forme.

» 4º Enfin on compte sur le tronc 226 anneaux et 20 à la queue ;
Hallowell en indique 214 et 18. »

Ces différences ont paru assez importantes à Strauch pour caractériser une espèce, et le type de A. Dumeril est devenu son *Phractogonus Dumerilli*.

Une comparaison attentive des trois spécimens étudiés par A. Dumeril avec le type d'Hallowell et nos spécimens Sénégambiens, nous a démontré la parfaite justesse de l'opinion de Strauch.

Nous figurons un spécimen du *Phractogonus Dumerilli* d'après des croquis exécutés par nous sur le vivant. La coloration remarquable de cette espèce est la suivante :

Les plaques céphaliques, d'un brun rouge, sont marginées de jaune brillant ; la bande de plaques occipitales est également du même jaune ; une teinte d'un rouge vineux pâle, règne sur les régions supérieures ; chaque anneau, orné de traits assez larges et bruns, disposés en quinconce, est limité par une ligne circulaire d'un rouge vermillon ; les parties inférieures sont rosées ; l'extrémité caudale est d'un brun violacé.

174. **PHRACTOGONUS ANCHIETÆ** B. du Boc.

Phractogonus Anchietæ B. du Boc., J. Sc. Lisb., IV, p. 247.
Lepisdoternon Anchietæ Strauch., Mem. Ac. Sc. Saint-Petersb., 1882,
p. 468 et Tir. à part.

Sadée. — Rare. — Gambie, Casamence, Itou, Ghimberinghe, Méla-corée.

M. Barboza du Bocage (*loc. cit.*) indique cette espèce, au Humbe, au Cunène et aux Mosimmèdes.

175. **PHRACTOGONUS JUGULARIS** Peters.

Phractogonus jugularis Peters, Monat. Ak. d. Wissens, Berlin, 1880,
p. 219.
Lepidosternon jugulare Strauch., Mem. Ac. Sc. Saint-Petersb., 1882,
p. 469 et Tir. à part.

Sadée. — Rare. — Kita, Gangaran, Maïna, Banionkadougou.

C'est la seule espèce de l'ordre qui nous soit connue dans la haute Sénégambie, où elle nous est indiquée par MM. les Drs L. Savatier et Colin.

176. PHRACTOGONUS MAGNIPARTITUS Peters.

Phractogonus magnipartitus Peters, Monat. Ak. d. Wissens, Berlin, 1879, p. 276.
Lepidosternon magnipartitum Strauch., Mem. Ac. Sc. Saint-Petersb., 1882, p. 469 et Tir. à part.

Sadée. — Rare. — Gambie, Casamence, Mélacorée, Ghimberinghe.

Le Gabon a été considéré, jusqu'ici, comme la patrie exclusive de cette espèce.

177. PHRACTOGONUS SCALPER Gunth.

Phractogonus scalper Gunth., P. Z. S. of Lond., 1876, p. 678.
Lepidosternon scalprum Strauch., Mem. Ac. Sc. Saint-Petersb., 1882, p. 469 et Tir. à part.

Sadée. — Rare. — Mêmes localités que l'espèce précédente.

D'Angola, seule région indiquée, ce *Phractogonus*, remonte dans la basse Sénégambie.

Les mœurs des différentes espèces que nous venons d'énumérer sont à peu près identiques; elles se plaisent dans les lieux secs et abrités, où elles se creusent des terriers d'où elles sortent rarement pendant le jour. Nous n'avons rencontré aucun spécimen dans les nids de *Termites*, malgré l'affirmation de certains Voyageurs.

OPHIDII Opp. (1).

OPOTERODONTI Dum. et Bib.

Fam. TYPHLOPIDÆ Dum. et Bib.

Gen. OPHTHALMIDION Dum. et Bib.

178. OPHTHALMIDION ESCHRICHTII Dum. et Bib.

Ophthalmidion Eschrichtii Dum. et Bib., Erp. Gen., t. VI, p. 265.
Typhlops Eschrichtii Schl., Abbild. Amph., p. 37, pl. XXXII, fig. 13-16.

Gasakh. — Rare. — Bering, Cagnac-Cay, Itou, Maloumb.

Cette espèce était, jusqu'ici, connue seulement sur la côte de Guinée.

---

(1) « Dumeril et Bibron, dit Claus (*Trait. Zool.*, 2° éd. Franç., 1884, p. 1318), ont substitué à l'ancienne division des Ophidiens en *Serpents non venimeux, Serpents suspects* et *Serpents venimeux*, une classification basée sur la structure des dents, qui a été généralement adoptée, bien qu'elle laisse à désirer sur certains points. Leurs groupes des *Aglyphodontes* et des *Opisthoglyphes* sont avantageusement réunis en un seul, les *Colubriformes* ».

Le mot *Colubriforme*, a le défaut, selon nous, d'apporter un élément étranger dans une classification basée sur la forme et la disposition des dents ; si, en effet, les Serpents *à dents lisses (Aglyphodontes)* et ceux *à dents postérieures sillonnées (Opisthoglyphes)* peuvent être groupés côte à côte, la caractéristique du groupe ainsi formé, ne peut reposer sur la forme, sur la physionomie, comme dit Schlegel, des animaux qu'il comprend ; physionomie, du reste discutable, la nature colubriforme n'étant pas rigoureusement propre à tous les types.

Les *Aglyphodontes* et les *Opisthoglyphes* constituent en réalité une réunion d'animaux *à caractères dentaires mixtes*, aussi proposons-nous de les désigner par le mot *Metabolodontes*. C'est à eux que doit s'appliquer, en outre, le

179. OPHTHALMIDION LINEOLATUM Jan.

Ophthalmidion lineolatum Jan., Elenc. Syst. d. Ofidi, 1863, p. 13.

Gasakh. — Rare. — Monsor, Ghimberinghe, Ile aux Chiens.

Jan indique cette espèce à Sierra-Leone.

180. OPHTHALMIDION KRAUSSI Reichen.

Ophthalmidion Kraussi Reichen., Arch. f. Naturg. Wieg. et Trosch.,
1874, p. 291.
— Jan., Elenc. Syst. d. Ofidi, 1863, p. 13.

---

système de classification *par séries parallèles,* préconisé par A. Dumeril (*Rev. Zool.,* 1854, p. 554) et suivi par Jan (*Elenc. Sist. degli Ofidi,* 1863).

Les mots *Proteroglyphes* et *Solenoglyphes,* employés par Dumeril et Bibron, pour distinguer les Serpents venimeux, laissent un doute dans l'esprit, à cause même de leur terminaison ; en effet, l'étymologie donnée par les auteurs de l'Erpétologie Générale : προτερον en avant, γλνφη entamure, pour les premiers, n'indique pas sur quel organe cetté entamure existe ; pour les seconds, l'étymologie ςωλην sillon et γλνφη entamure, n'a pas de sens. Ces mots de *Proteroglyphes* et de *Solenoglyphes* semblent devoir être avantageusement remplacés par ceux de *Aulacodontes* et *Solenodontes.*

Il est utile enfin de proposer une nouvelle division pour un groupe peu nombreux en espèces, mais possédant une structure exceptionnellement remarquable. Ce groupe est celui des *Dasypeltis.* L'excessive petitesse des dents, considérées longtemps comme faisant complètement défaut (*Anodon* de Smith), la gracilité, la faiblesse de tout le système mandibulaire, mais surtout l'existence, à l'extrémité libre de l'hypapophyse des vertèbres thoraciques, d'un dépôt d'émail leur donnant l'aspect de dents faisant saillie à l'intérieur de l'appareil digestif, le rôle physiologique de ces dents d'un type particulier, suffisent pour motiver la division que nous désignerons sous le nom de *Rachiodontes.*

Nous partageons ainsi les *Ophidiens* en cinq sections :

OPOTERODONTI..........	de οποτερος l'un ou l'autre, et οδονς dent.	
RACHIODONTI....·.....	ραχις colonne vertébrale,	id.
METABOLODONTI........	μεταβολος variable,	id.
AULACODONTI..........	ανλαξ, αχος sillon,	id.
SOLENODONTI..........	ςωλην canal,	id.

Gasakh. — Rare — Gambie, Casamence, Mélacorée, Cagnac-Cay, Maloumb.

Cette espèce nous a été communiquée par le Dr Cédont.

181. OPHTHALMIDION ELEGANS Peters.

Ophthalmidion elegans Peters, Monat. Ak. d. Wissens, Berlin, 1868, p. 450.

Gasakh. — Rare. — Gambie, Casamence, Mélacorée, Sedhiou, Maloumb.

182. OPHTHALMIDION DECOROSUS Buch. et Peters.

Ophthalmidion decorosus Buch. et Peters, Monat. Ak. d. Wissens, Berlin, 1875, p. 197.

Gasakh. — Rare. — Mêmes localités que l'espèce précédente.

Le type provient des monts Cameroon ; les deux espèces, très voisines, comme l'observe Peters, ont été trouvées en basse Sénégambie par le Dr Carpentin.

Gen. ONYCHOCEPHALUS Dum. et Bib.

183. ONYCHOCEPHALUS DELALANDII Dum. et Bb.

Onychocephalus Delalandii Dum. et Bib., Erp. Gen., t. VI, p. 273.
Typhlops Lalandii Schl., Abbild. Amph., p. 38, pl. **XXXII**, fig. 17-20.

Gasakh. — Peu commun. — Mélacorée, Itou.

184. ONYCHOCEPHALUS CONGESTUS Dum. et Blb.

(Pl. XV, fig. 1.)

Onychocephalus congestus Dum. et Bib., Erp. Gen., t. VI, p. 333.
   —   —   A. Dum., Arch. Mus., t. X, p. 186.
   —   *Liberiensis* Hallow., Proced. Ac. Sc. Philad., 1848,
       p. 59.

Gasakh. — Assez commun. — Gambie, Ile aux Éléphants, Sainte-Marie, Albréda.

L'*Onychocephalus congestus*, du Gabon, de Liberia, de la Côte d'Or, est identiquement semblable à l'*Onychocephalus Liberiensis*, comme le fait observer A. Dumeril (*loc. cit.*); les types de la basse Sénégambie ne diffèrent pas de ceux des régions précitées; nous figurons un exemplaire recueilli dans les environs d'Albreda par le Dr Carpentin; les régions supérieures sont d'un noir bleuâtre, vaguement tachetées de jaune orangé, les régions inférieures sont d'un jaune pâle avec les flancs maculés de noir.

185. ONYCHOCEPHALUS DINGA Peters.

Onychocephalus dinga Peters, Monat. Ak. d. Wissens, Berlin, 1854,
       p. 620.
Typhlops dinga Peters, Reis. Nach. Mosamb. Rept., p. 98, pl. XIV,
       fig. 1 et 14 A, fig. 3.

Gasakh. — Assez rare. — Mêmes localités que l'espèce précédente; observée également dans le Nord-Est : Kita, Bandoubé, Talaari.

186. ONYCHOCEPHALUS NIGROLINEATUS Hallow.

Onychocephalus nigrolineatus Hallow., Proced. Ak. Sc. Philad. Ad.,
       1848, p. 59.

Gasakh. — Rare. — Gambie, Casamence, Mélacorée, Bathurst.

187. ONYCHOCEPHALUS CŒCUS A. Dum

(Pl. XV, fig. 2.)

Onychocephalus cœcus A. Dum., Rev. Zool., 1856, p. 462, pl. **XXI**,
fig. 4, et Arch. Mus., t. X, p. 188.

Gasakh. — Peu commun. — Gambie, Mélacorée, Ile aux Chiens.

Le type que nous figurons a été découvert en Mélacorée par
le Dr Carpentin. La teinte générale est d'un brun rougeâtre,
clair en dessus, rosé en dessous.

Fam. CATODONIDÆ Dum. et Bib.

Gen. STENOSTOMOPHIS Rochbr. (1).

188. STENOSTOMOPHIS NIGRICANS Rochbr.

Stenostomophis nigricans Rochbr., Mss., 1883.
Stenostoma nigricans Schl., Abbild. Amph., p. 38, taj. XXXII, fig. 21.
    —   Dum. et Bib., Erp. Gen., t. VI, p. 326.

Gasakh. — Rare. — Mélacorée, Gambie, Casamence; remonte dans
l'est de la Sénégambie, où il a été observé à Talaari notamment.

---

(1) Le genre *Stenostoma*, ayant été créé par Latreille en 1810 pour un
groupe de Coléoptères, le même genre *Stenostoma*, introduit par Wagler, en
1826, dans le vocabulaire herpétologique, ne peut être conservé. Le nom
Stenostomophis, de ϛενοϛτομος qui a la bouche étroite et οϕις Serpent,
possédant la même étymologie que le *Stenostoma* de Wagler, fait cesser toute
confusion, c'est celui que nous proposons.

Nous aurions pu, il est vrai, choisir entre les *Leptotyphlops*, *Eucephalus* de
Fitzinger et *Rena* de Baird et Girard, tous synonymes de *Stenostoma*, mais ces
mots ne traduisant pas le caractère que Wagler voulait mettre en lumière,
nous les avons également écartés.

Par les mêmes motifs, la famille des *Stenostomidæ* de Peters, doit faire
place à celle des *Catodonidæ* de Dumeril et Bibron, celle-ci est, du reste,
antérieure à la première de trente-sept années.

189. STENOSTOMOPHIS SUNDERVALLI Rochbr.

Stenostomophis Sundervalli Rochbr., Mss., 1883.
Stenostoma Sundervalii Jan, Arch. per la Zool., vol. I, p. 191, et
Icon. Oph., fasc. II, tav. V, fig, 11.

Gasakh. — Assez rare. — Thionk, Diouk, Leybar, Han, M'Bao,
Ponte, Zekinkior, Ile aux Chiens, Albréda, Bathurst, Mélacorée.

190. STENOSTOMOPHIS SCUTIFRONS Rochbr:

Stenostomophis scutifrons Rochbr., Mss., 1883.
Stenostoma scutifrons Peters, Monat. Ak. d. Wissens, Berlin, 1865,
p. 261, f. 3.

Gasakh. — Rare. — Gambie, Casamence, Mélacorée, Ile aux Éléphants, Maloumb, Cagnac-Cay, Wagran.

RACHIODONTI Rochbr.

Fam. RACHIODONTIDÆ Gunth.

Gen. DASYPELTIS Wagl.

191. DASYPELTIS SCABER Wagl.

Dasypeltis scaber Wagl., Nat. Syst. Amph., p. 178.
Rachiodon scaber Jourd., Journ. *le Temps*, 13 juin 1833.
        —   Dum. et Bib., Erp. Gen., t. VII, p. 491.
Coluber scaber Lin., Syst. Nat. I, p. 384.
Anodon typus Smith., Zool. Journ., 1829, p. 443.
Deirodon scaber Owen., Odontogr., p. 220.

Dhlane. — Assez rare. — Thionk, Diouk, Dakar-Bango, Cayor,
Pays des Serrères, Mélacorée, Casamence.

L'aire d'habitat de cette espèce est assez vaste, car elle a été observée au Cap, en Egypte, en Mosambique, aux Ashanties et dans la Sénégambie.

192. DASYPELTIS ABYSSINICUS Rochbr.

Dasypeltis Abyssinicus Rochbr., Mss., 1883.
Rachiodon Abyssinicum Dum. et Bib., Erp. Gen., t. VII, p. 496.

Dhiane. — Assez rare. — Mêmes localités que l'espèce précé-dente ; remonte dans le Nord-Est : Kita, Talaari, Bafing, Falèmé, Banionkadougou.

193. DASYPELTIS PALMARUM Gunth.

Dasypeltis palmarum Gunth., Cat. Snakes, 1858, p. 142.
Coluber palmarum Leach., in Tunkey Expl. Zaire, 1810, App.,
                    p. 408.
Dasypeltis inornata Smith., Ill. Zool. S. Afr., pl. LXXIII.
Rachiodon inornatus Dum. et Bib., Erp. Gen., t. VII, p. 498.

Dhiane. — Peu commun. — Podor, Dagana, Kouma, M'Bilor, Gahé, Casamence, Mélacorée.

Cette espèce, que Gunther (*loc. cit.*) indique seulement au Congo et au Vieux Calabar, se rencontre au Cap, dans la Cafrerie; M. Fischer vient de la signaler dans l'Afrique Est, à Aruscha (*Aus dem Jahrisb. f.* 1883, *rebed. Naturh. Mus. in Hamburg* 1884), son aire d'extension est donc des plus vastes.

194. DASYPELTIS FASCIATUS Smith.

Dasypeltis fasciatus Smith., Ill. Zool. S. Afr., pl. LXXIII.
       —   Dum. et Bib., Erp. Gen., t. VII, p. 499.

Dhiane. — Rare. — Gambie, Casamence, Mélacorée, Albréda, Ile aux Chiens, Zekinkior.

Ce *Dasypeltis* n'était connu jusqu'ici, croyons-nous, qu'à Sierra-Leone.

METABOLODONTI Rochbr.

Fam. ERYCIDÆ C. Bp.

Gen. ERYX Oppel.

195. ERYX JACULUS Wagl.

Eryx jaculus Wagl., Nat. Syst. Amph., p. 192.
    —   Dum. et Bib., Erp. Gen., t. VI, p. 463.

Sabantajh. — Assez commun. — Aleb, Kaiedé, Gaser-El-Barka, Elimané, Cap Mirik, Cap Blanc, Argain.

L'*Eryx jaculus,* d'Egypte, de Perse, de Tartarie, d'Arabie, de Syrie, de Grèce, etc., souvent observé en Sénégambie, paraît localisé dans la partie désertique de l'Ouest et du Nord-Ouest. C'est toujours dans la région Saharienne du littoral que nous l'avons rencontré, au milieu des sables arides.

196. ERYX THEBAICUS Dum. et Bib

Eryx Thebaicus Dum. et Bib., Erp. Gen., t. VI, p. 468.
L'Eryx de la Thébaïde E. Geoff. St-Hil., Descr. Egypt., t. I, p. 140.

Sabantajh. — Assez commun. — Dagana, Saldé, Thionk, Diouk, le Oualo, le Cayor, Gadieba, Sebicoutane, Douzar, Han, Joalles, Rufisque.

Le Muséum de Paris possède plusieurs exemplaires Sénégambiens, de cette espèce Egyptienne.

Gen. **RHOPTURA** Peters.

197. **RHOPTURA REINHARDTI** Peters.

Rhoptura Reinhardti Peters, Monat. Ak. d. Wissens, Berlin, 1858,
p. 340.
Eryx Reinhardtii Schl., Bijd. Genot. Act. Amst., 1851.
Calabaria fusca Gray, P. Z. S. of London, 1858, p. 155.

Sabantujh. — Rare. — Mélacorée, Gambie, Casamence; rencontré
exceptionnellement dans le Nord-Est, plaines du Banionkadougou.

Un exemplaire de la Mélacorée a été capturé par le Dr Cédont.

Fam. **BOÆIDÆ** Dum. et Bib.

Gen. **PELOPHILUS** Dum. et Bib.

198. **PELOPHILUS FORDII** Gunth.

(Pl. XVI, fig. 1.)

Pelophilus Fordii Gunth., P. Z. S. of Lond., 1861, p. 142.
Chilobothrus Fordii Jan, Icon. Oph., 2e livr., p. 87.

Rare. — Forêts de Wagran, Casamence.

Un exemplaire, recueilli par le Dr Cédont, nous est seul connu.
Ce type que nous figurons se distingue, comme coloration, de
celui décrit par M. Gunther.
La teinte générale des parties supérieures est d'un rose jaunâtre et non pas d'un rouge olive, les séries de taches du dos et
de la queue sont d'un brun rouge brillant limitées par une
bordure rouge laque, les taches des flancs sont bleuâtres, les
parties inférieures d'un jaune sale.

Fam. **PYTHONIDÆ** Dum. et Bib.

Gen. **PYTHON** Cuv.

199. **PYTHON SEBÆ** Dum. et Bib.

Python Sebæ Dum. et Bib., Erp. Gen., t. VI, p. 400.
Hortulia Sebæ Gray, Cat. Snakes, p. 90.
Python bivietatus Boié, Isis, t. XX, p. 516.
    —   Schl., Ess. Phys. Scrp., p. 408.
Serpent géant Adanson, Voy. Sénég., p. 71 et 152.

N'Kiebi. — Commun. — Habite toute la Sénégambie.

Adanson, si bon observateur, si exact dans tout ce qui a trait aux animaux qu'il avait observés, se laisse entraîner à des exagérations quand il parle des Serpents géants, les Pythons du Sénégal.

Nous copions textuellement dans le récit de son voyage les passages concernant ces animaux, nous aurons soin de faire ressortir ce qu'il y a de vrai et de faux dans ses allégations.

« Vers le milieu du mois suivant (Septembre), dit-il (*loc. cit.*, p. 152), on me fit présent d'un jeune Serpent de l'espèce du Serpent géant. Ce présent me fit plaisir parce que c'était le premier de cette espèce que j'eusse vu, j'en conserve encore aujourd'hui la dépouille en entier dans mon cabinet. Il venait d'être pris dans le marigot même de l'île du Sénégal et il était très vivant, il avait trois pieds et un peu plus de longueur, le fond de la couleur était un jaune livide, coupé par une large bande noirâtre qui régnait tout le long du dos et sur laquelle étaient semées quelques taches jaunâtres assez irrégulières; un lustre répandu sur tout son corps, le fesait briller comme s'il eût été vernissé. Sa tête n'était ni plate ni triangulaire comme celle de la Vipère, mais arrondie et un peu allongée. Ce Serpent, tout petit qu'il était, suffisait pour me le faire distinguer de toutes les autres espèces; mais ce n'était qu'une faible image des gros dont jamais je ne me serais formé une idée juste si, peu de temps après, on ne m'en eût apporté, en différentes fois, deux médiocres dont le plus grand avait *vingt-deux pieds et quelques pouces de long sur huit pouces de large.* Un cendré noir, lavé de quelques lignes jaunes peu apparentes, était la couleur dominante de sa peau qui, étant étendue, avait vingt-cinq à vingt-six pouces de largeur; elle me fut laissée toute entière avec un tronçon de chair dont le reste devait faire le repas du chasseur et de tout son village pendant plusieurs jours. La tête, qui y tenait encore, égalait en grandeur celle d'un Crocodile de cinq à six pieds, ses dents étaient longues de plus d'un demi-pouce, fortes et aiguës, et l'ouverture de sa gueule aurait été plus que suffisante pour avaler en entier un Lièvre et même un Chien assez gros, sans avoir besoin de le mâcher.

» La vue de ces deux Serpents qui, de l'aveu de mes Nègres et de tous ceux qui en avaient beaucoup vu, n'étaient que médiocres, ne me permirent plus de douter de la vérité de ce que j'en avais entendu dire mille fois dans le pays et que j'avais mis au nombre des fables. Les Nègres mêmes, auxquels j'étais redevable de ceux-ci m'assurèrent que je n'avais rien vu de semblable en ce genre, et qu'il n'était pas rare d'en trouver, à quelques lieues dans l'Est de l'île du Sénégal, dont la grandeur égalait celle d'un mât ordinaire de bateau. Des gens du Bissao disent en avoir vu dans leur pays qui auraient surpassé de beaucoup ces pièces de bois. Il ne fut pas difficile de juger, par la comparaison de leurs récits avec les Serpents que j'avais sous les yeux, que la taille des plus grands de cette espèce, appréciée à sa juste valeur, devait être de *quarante à cinquante pieds pour la longueur,* et *d'un pied à un pied et demi pour la largeur.*

» La manière dont cet animal fait la chasse n'est pas moins singulière que son énorme grosseur; il se tient dans les lieux humides et proche des eaux, sa queue est repliée sur elle-même en deux ou trois tours de cercle qui renferment un espace rond de cinq à six pieds de diamètre au-dessus duquel s'élève sa tête avec une partie de son corps. Dans cette attitude et comme immobile, il porte ses regards tout autour de lui, et quand il aperçoit un animal à sa portée, il s'élance sur lui par le moyen des circonvolutions de sa queue qui font l'effet d'un puissant ressort. Si l'animal qu'il a atteint à belles dents est trop gros pour pouvoir être avalé en son entier, comme serait un Bœuf, une Gazelle ou le grand Bélier d'Afrique, après lui avoir donné quelques coups de ses dents meurtrières, il l'écrase et lui brise les os, soit en le serrant de quelques nœuds, soit en le pressant simplement du poids de tout son corps qu'il fait glisser pesamment dessus, il le retourne ensuite pour le couvrir d'une bave écumeuse qui lui facilite le moyen de l'avaler sans le mâcher.

» Ce monstre, tout terrible qu'il est par sa force, ne fait pas tant de ravages qu'on pourrait l'imaginer. La chasse aux grands animaux, tels que le Cheval, le Bœuf et autres quadrupèdes semblables qui trouvent leur salut dans leurs jambes, ne le flatte pas beaucoup, il mange plus volontiers d'autres Serpents plus petits que lui, des Lézards, des Crapauds et surtout des Sauterelles qui ne semblent naître par nuages dans ce pays que pour assouvir sa faim insatiable. »

Nous regrettons d'être cette fois en désaccord avec Adanson; mais la vérité nous impose l'obligation de dire que tout est faux dans les citations précédentes.

Nous avons vu et possédé en captivité un nombre considérable de Pythons: les plus grands, et ils sont rares, très rares, atteignaient six mètres de long sur quinze centimètres de diamètre; il y a loin de ces chiffres aux seize mètres de long sur quarante-huit centimètres de diamètre cités par Adanson; ces quarante-huit centimètres donnent une circonférence d'environ un mètre cinquante-sept centimètres, l'équivalent du volume d'un tonneau de Bordeaux. Nous aimons à supposer que le célèbre explorateur du Sénégal a cru trop aveuglément l'affirmation des Nègres, toujours enclins à l'exagération dans leurs récits, car il n'est pas supposable que dans l'espace de cent trente-trois années (les observations d'Adanson remontent à 1751) la taille des Pythons ait diminué dans d'aussi fortes proportions.

La destruction de nuées de Sauterelles par les Pythons doit être reléguée dans le domaine de la fable; il en est de même pour les Lézards, les Crapauds, les petits Serpents; la nourriture exclusive des animaux dont nous nous occupons, consiste en Oiseaux et en petits Mammifères.

C'est sur les branches des Palétuviers, au bord des marigots, que les Pythons se tiennent d'habitude, la queue enroulée fortement autour d'une branche; nous ne les avons jamais vus *lovés*, pour nous servir d'une expression usitée; souvent ils traversent

les marigots à la nage; c'est seulement quand ils sont repus,
qu'il restent immobiles dans les grandes herbes des bords de
l'eau où les Nègres les capturent fréquemment, sans difficulté,
pour les vendre aux commerçants Européens. Nous avons exposé,
dans un mémoire sur les vertèbres des Serpents (*Journ. Anat. et
Physiol.* 1880, p. 225), certaines particularités relatives à l'alimentation des Pythons; nous renvoyons à ce mémoire que nous ne
pouvons reproduire ici.

200. PYTHON REGIUS Dum. et Bib.

Python regius Dum. et Bib., Erp. Gen., t. VI, p. 412.
Hortulia regia Gray, Cat. Snakes, p. 90.

N'Kiébi. — Peu commun. — Thionk, Diouk, Leybar, Gambie, Mélacorée, Casamence.

Cette espèce, moins commune que la précédente et répartie
comme elle dans toute la Sénégambie, se rencontre cependant
plus particulièrement dans les régions dites du bas de la Côte.

Fam. CALAMARIDÆ Dum. et Bib.

Gen. TEMNORHYNCHUS Smith. (1).

201. TEMNORHYNCHUS SUNDEWALLII Smith.

Temnorhynchus Sundewallii Smith., Ill. Zool. S. Afr. App., p. 17.
Rhinostoma cupreum Gunth., Cat. Snakes, p. 9.

---

(1) Peters, après avoir donné les caractères des genres *Temnorhynchus*
Smith., et *Prosymna* Gray (*M. B. Ak.*, Berlin, 1867, p. 235), caractères d'une
valeur des plus faibles, cite deux exemplaires d'un Serpent dont l'un répond
aux *Temnorhynchus*, l'autre aux *Prosymna*, bien qu'ils soient de la même
espèce, et dès lors il se demande si l'un des deux genres ne doit pas dispa-
raitre : « So daffs die beiden Gattungen zusammen fallen mussen? »

Plus tard, dans son *Reise Nach. Mosambique* (p. 106) il accepté le genre
Prosymna et donne le genre *Temnorhynchus* en synonymie du premier.

Dome. — Assez rare. — Kita, Bakel, Dagana, M'Boul.

Comme l'observe Peters, le *Rhinostoma cupreum* de M. Gunther est identique au *Temnorhynchus Sundewallii* de Smith ; il doit donc passer en synonymie.

202. TEMNORHYNCHUS MELEAGRIS Rochbr.

Temnorhynchus meleagris Rochbr., Mss., 1883.
Calamaria meleagris Reinh., Nogle. Nyc., Slangeart., 1848, p. 238.
Prosymna meleagris Gray, Cat. Snakes, p. 80.
      —   B. du Boc., J. Sc. Lisb., 1873, p. 9.

Dome. — Gambie, Casamence, Mélacorée, Zekinkior, Ile aux Chiens, Wagran.

203. TEMNORHYNCHUS FRONTALIS Peters

Temnorhynchus frontalis Peters, Monat. Ak. d. Wissens, 1869,
p. 236.

Dome. — Rare. — Mêmes localités que l'espèce précédente ; remonte dans l'Ouest : Hann, Ponte, Kaarta, Sebicoutane.

Cet exemple est généralement suivi ; le genre *Temnorhynchus* créé en 1848 fait place au *Prosymna* proposé en 1849 ; M. Barboza du Bocage, Peters, bien d'autres, ne tiennent ainsi aucun compte des droits de priorité, et ne font connaître aucune des raisons qui les ont conduits à les enfreindre. En attendant une explication plausible, du moment où les deux genres sont considérés comme similaires, nous choisissons le plus ancien.

Abstraction faite de ce motif capital, le genre *Prosymna* devrait également disparaître ; « *nomina generica simili sono exeuntia, ansam præbent confusionis* », a dit Linné (*Phil. Bot.*, § 228) ; *Prosymna* de Gray (*Ophidiens*, 1849) et *Prosymnus* Laporte (*Coleoptères*, 1836), étant simili sono, ils entraînent à une confusion ; l'un des deux doit donc être rejeté et c'est naturellement le moins ancien, celui de Gray. A une époque où les lois de la nomenclature Linnéenne sont si souvent violées par ceux-là même qui les invoquent, il est utile de faire parfois appel à quelques-unes de ces lois.

204. **TEMNORHYNCHUS JANI** Rochbr.

Temnorhynchus Jani Rochbr., Mss., 1883.
Prosymna Janii Bianc., Spec. Zool. Mosamb., p. 286, taj. XV.
      —   Peters, Reise Nach. Mosamb., p. 106.

Dome. — Peu commun. — Tombocané, Makana, Talaari, Gangaran, Bandoubé.

Nous possédons un exemplaire de cette espèce capturé dans le Oualo par M. le Dr Ludovic Savatier.

205. **TEMNORHYNCHUS AMBIGUUS** Rochbr.

Temnorhynchus ambiguus Rochbr., Mss., 1883.
Prosymna ambigua B. du Boc., J. Sc. Lisb., 1873, p. 10, extr., n° XV.

Dome. — Assez rare. — Mélacorée, Gambie, Casamence, Ile aux Éléphants, Ghimberinghe, Cagnout, Itou ; remonte exceptionnellement dans l'Ouest : Kaarta, Yen.

Un exemplaire de cette espèce, d'Angola, communiqué par le Dr Carpentin et provenant du Kaarta, ne diffère du type décrit par M. Barboza du Bocage que par des teintes plus vives. Il est d'un brun rougeâtre en dessus et non d'un brun clair ; les parties inférieures sont jaunâtres et non brun clair ; les écailles portent une tache centrale blanche et non pâle ; enfin, les deux grandes taches jaune sale, sur les côtés de l'occiput, sont d'un jaune orangé dans l'exemplaire de provenance Sénégambienne.

Gen. **ELAPOPS** Gunth.

206. **ELAPOPS MODESTUS** Gunth.

Elapops modestus Gunth., Ann. and Mag. Nat. Hist., 1859, p. 161, pl. IV, fig. C.

Dome. — Rare. — Zekinkior, Kaour, Makana, Dianoch; remonte vers l'Ouest : Douzar, Kaarta, Kounakeri.

Gen. **HOMALOSOMA** Wagl.

207. **HOMALOSOMA LUTRIX** Dum. et Bib.

Homalosoma lutrix Dum. et Bib., Erp. Gen., t. VII, p. 110.
Coluber lutrix Lin., Syst. Nat., I, p. 375.
Homalosoma arctiventris Wagl., Nat. Syst. Amph., p. 191.

Dome. — Assez rare. — Ile aux Chiens, Monsor, Samatite, Wagrau, Mélacorée.

208. **HOMALOSOMA VARIEGATUM** Peters.

Homalosoma variegatum Peters, Monat. Ak, d. Wissens, Berlin,
1854, p. 622, et Reise Nach. Mosamb.,
p. 107, pl. XVI, fig, 1.

Dome. — Rare. — Haut du fleuve, Guettala, Makandianbongou, Talaari, Bandoubé.

Cette espèce, de Mosambique, très voisine de sa congénère du Cap, a été découverte dans la haute Sénégambie par M. le Dr Colin. C'est au Dr Cédont que nous devons de pouvoir inscrire dans notre faune l'*Homalosoma lutrix* du Cap.

Gen. **AMBLYODIPSAS** Peters.

209. **AMBLYODIPSAS UNICOLOR** Peters.

Amblyodipsas unicolor Peters, Monat. Ak. d. Wissens, Berlin, 1856,
p. 592.
Calamaria unicolor Reinh., Beskr. Nogl., Slang., 1843, p. 236, taj. I.
Calamelas unicolor Gunth., Ann. and Mag. Nat. Hist., 1866, p. 26.

Dome. — Peu commun. — Ghimbering, Itou, Maloumb, Monsor.

210. AMBLYODIPSAS MICROPHTHALMA Peters.

Amblyodipsas microphthalma Peters, Monat. Ak. d. Wissens, Berlin,
1856, p. 592.
Calamaria microphthalma Bianc., Spec. Zool. Mosamb., VI, p. 94,
taj. XII, f. 1.

Dome. — Assez rare. — Podor, Portendik, Saldé, Dagana, Thionk,
Diouk, Oualo, Kaarta.

Jusqu'au jour où M. le Dr Colin nous a communiqué cette
espèce, elle n'était connue que de Mosambique.

Gen. **MIODON** A. Dum.

211. MIODON GABONENSE A. Dum.

(Pl. XVII, fig. 1).

Miodon Gabonense A. Dum., Arch. Mus., t. X, p. 206.
Elapomorphus Gabonensis A. Dum., Rev. Zool., 1856, p. 468.
        —   A. Dum., Arch. Mus., t. X, p. 206.
Urobelus Gabonensis Jan, Syst. Calamarid. Icon. Ofidi, 1862, p. 42.

Dome. — Peu commun. — Gourba, Dianoch, Zekinkior, Kaour,
Mélacorée.

L'excellente description de A. Dumeril (*loc. cit.*) nous dispense
de décrire à nouveau cette espèce dont nous figurons un spécimen capturé à Zekinkior, identique au type du Gabon.

C'est avec hésitation que A. Dumeril a inscrit son espèce dans
le genre *Elapomorphus*; aussi, à la fin de l'article qu'il lui con-
sacre (*Arch. loc. cit.*), a-t-il soin de dire : « Si plus tard on rencontre
encore chez d'autres Serpents Africains la brièveté remarquable
des maxillaires supérieures et le petit nombre de dents qu'ils

supportent, on pourrait les réunir sous une dénomination générique nouvelle, celle de *Miodon*. »

Nous avons adopté ce genre, bien antérieur à celui d'*Urobelus* proposé par Jan, et ayant de plus l'avantage d'indiquer le caractère le plus saillant des espèces qu'il renferme.

Gen. **URIECHIS** Peters.

212. **URIECHIS CAPENSIS** Peters.

Uriechis Capensis Peters, Reise Nach. Mosamb., p. 112.
Elapomorphus Capensis Smith., Ill. Zool. S. Afr. App., p. 16.

Dome. — Assez commun. — Gambie, Casamence, Maka, Dianoch, Matam, Guélé, Guettala.

Cette espèce, du Cap et de la Cafrerie, signalée aussi en Mosambique par Peters, habite la basse Sénégambie et la partie Nord-Est de la même région.

213. **URIECHIS NIGRICEPS** Peters.

Uriechis nigriceps Peters, Monat. Ak. d. Wissens, Berlin, 1854, p. 623.
       —   Peters, Reise, Nach. Mosamb., p. 111, taj. XVIII, fig. 1.
Eucritus atrocephalus Jan, Cenn. Mus. Civic. di Milano, p. 44.
Uriechis atriceps Jan, Prodr. Icon. Ofidi II, Calamar., p. 49.

Dome. — Peu commun. — Kita, Bakel, Podor, Saldé, M'Boul, Ouarkhokh, Gangaran, Banionkadougou.

La teinte uniforme d'un brun olive des régions supérieures, la couleur jaune pâle des parties inférieures, indépendamment des autres caractères fournis par un spécimen des environs de Kita capturé par M. le Dr Colin, ne laissent aucun doute sur la présence de cette espèce en Sénégambie.

Fam. **ZACHOLUSIDÆ** Rochbr. (1).

Gen. **LYTORHYNCHUS** Peters.

214. **LYTORHYNCHUS DIADEMA** Peters,

Lytorhynchus diadema Peters, Monat. Ak. d. Wissens, Berlin, 1862,
p. 272.
Heterodon diadema Dum. et Bib., Erp. Gen., t. VII, p. 779.
Simotes diadema Gunth., Cat. Snakes, p. 26.
Chatachlein diadema Jan, Elenc. Syst. Ofidi, p. 45.

Djähn. — Assez commun. — Portendick, Aleb, Cap Mirik, Cap Blanc, lisière des forêts de Gommiers, Argain, Elimané, Gasser-El-Barka, Jarra, Guettala.

Cette espèce, considérée comme Algérienne, indiquée également par Dumeril et Bibron dans le désert de l'Afrique Ouest, ne nous

---

(1) Dumeril et Bibron (*Erp. Gen.*, t. VII, p. 607) font remarquer que Wagler ayant fondé le genre *Zacholus* pour les *Coronella Austriaca* et *Girondica* à l'aide de caractères ne différant en rien de ceux invoqués par Laurenti pour son genre *Coronella*, il n'y a pas lieu de conserver le genre *Zacholus*.

Bien que tous les Herpétologistes acceptent le genre *Coronella*, nous croyons ne pas devoir les imiter. Nous avons précédemment fait appel à une loi de la nomenclature Linnéenne où *les mots Simili sono prêtent à la confusion*, or il n'est pas de mot qui prête à une confusion plus grande que celui de *Coronella*, quand on examine toutes les variantes auxquelles il a été soumis. Linné a créé le genre *Coronilla* pour une tribu des *Hedysarées*; ses *Coronillæ* servent à désigner une tribu de ces mêmes plantes. Lamarck a établi le genre *Coronula* pour un groupe de *Cirripèdes*, ainsi que la famille des *Coronulidæ ;* le genre *Coronula* enfin a été fait par Goldefuss pour désigner certains *Rotifères;* l'hésitation peut être parfois des plus grandes, on le voit, entre *Coronella, Coronilla, Coronula; Coronilla* datant de 1764, doit donc seul être conservé; aussi reléguant à la synonymie le genre *Coronella* de Laurenti, 1768, nous le remplaçons par celui de *Zacholus*, Wagl., qui lui est équivalant comme caractères; par les mêmes raisons, la famille des *Coronellidæ* peut être avantageusement remplacé par celle des *Zacholusidæ* tirée du genre *Zacholus*.

est connue en Sénégambie que dans les localités limitées par la région Saharienne. Un individu, recueilli par M. le Dʳ Colin et provenant de Guettala, indique que sa dispersion peut s'étendre dans le sens de la région Nord-Est.

Gen. **ZACHOLUS** Wagl.

215. ZACHOLUS OLIVACEUS Rochbr.

Zacholus olivaceus Rochbr., Mss., 1883.
Coronella olivacea Peters, Monat. Ak. d. Wissens, Berlin, 1854, p. 622.
—   ·Gunth., Cat. Snakes, p. 39.
—   B. du Boc., J. Sc. Lisb., 1866, p. 66.

Djahn. — Peu commun. — Thionk, Leybar, Diouk, Dakar-Bango, Ponte, Hann, Gandiole, Oualo, Cayor.

216. ZACHOLUS FULIGINOIDES Rochbr.

Zacholus fuliginoides Rochbr., Mss., 1883.
Coronella fuliginoides Gunth. Cat. Snakes, p. 39.

Djahn. — Assez rare. — Mêmes localités que l'espèce précédente.

217. ZACHOLUS CANUS Rochbr.

Zacholus Canus Rochbr., Mss., 1883.
Coronella Cana Dum. et Bib., Erp. Gen., t. VII, p. 613.
Coluber Canus Lin., Mus. ad Fried., I, p. 31, tab. XI, fig. 1.

Djahn. — Très commun. — Diouk, Leybar, Thionk, Sorres, Joalles Rufisque, Cayor, Pays des Serrères.

Le *Zacholus canus* du Cap est commun en Sénégambie où il est loin d'avoir les mœurs que Smith lui attribue et que Dumeril et Bibron ont reproduites d'après l'auteur Anglais.

Nous n'avons jamais été témoin de sa hardiesse, de ses préparatifs pour combattre un ennemi; c'est principalement dans les cases abandonnées ou sous la paille des vieilles tapates que nous l'avons le plus habituellement rencontré, fuyant au moindre bruit, sans se retourner et sans chercher à se défendre contre son agresseur.

218. ZACHOLUS SEMIORNATUS Rochbr.

Zacholus semiornatus Rochbr., Mss., 1883.
Coronella semiornata Peters, Monat. Ak. d. Wissens, Berlin, 1854, p. 622.
— Peters, Reise Nach. Mosamb., p. 116, taj. XVII, fig. 2.

Djahn. — Assez rare. -- Kita, Bakel, Guettala, M'Boul, Ouarkokh, Maïna, Banionkadougou.

Cette espèce paraît localisée dans la haute Sénégambie où elle a été capturée par M. le Dr Colin.

Gen. **MEIZODON** Fisch.

219. MEIZODON REGULARIS Fisch.

Meizodon regularis Fisch., Aband. Geb. Natur. Hamb., 1856, p. 112.
— Gunth., Ann. and Mag. Nat. Hist., 1861, p. 224.

Djahn. — Peu commun. — Gambie, Casamence, Mélacorée, Albréda, Ile aux Éléphants, Cagnout, Zekinkior.

Le type provient de Sierra Léone.

220. MEIZODON BITORQUATA Gunth.

Meizodon bitorquata Gunth., Ann. and Mag. Nat. Hist., 1861, p. 224.

Djahn. — Assez commun. — Thionk, Sorres, Dakar-Bango, Hann, Ponte, Sebicoutane, M'Boul, Cayor, Gandiole.

Cette espèce est indiquée au Sénégal, par Gunther.

221. MEIZODON DUMERILII Gunth.

Meizodon Dumerilii Gunth., Ann. and Mag. Nat. Hist., 1861, p. 225.

Djahn. — Assez commun. — Gambie, Mélacorée, Sainte-Mary, Bathurst, Albréda.

222. MEIZODON LONGICAUDA Gunth.

Meizodon longicauda Gunth., Ann. and Mag. Nat. Hist., 1863, p. 352, pl. V, fig. *a.*

Djahn. — Peu commun. — Habite les mêmes localités que l'espèce précédente.

M. Gunther (*loc. cit.*) l'indique seulement à Fernando-Po. Sa présence dans la basse Sénégambie est affirmée par les captures de M. le Dr Carpentin.

Gen. ABLABES Dum. et Bib.

223. ABLABES RUFULA Dum. et Bib.

Ablabes rufula Dum. et Bib., Erp. Gen., t. VII, p. 308.
Coronella rufula Licht., Verz. d. Doubl., p. 105.
Lamprophis rufulus Smith, Ill. Zool. S. Afr., pl. 58.
Ablabes rufulus Gunth., Cat. Snakes, p. 30.

Djahn. — Assez commun. — Thionk, Diouk, Leybar, Podor, Saldé, N'Diago, Diaoudoun.

« La couleur roussâtre qui a fait donner à cette espèce le nom qu'elle porte, disent Dumeril et Bibron (*loc. cit.*), ne s'observe que chez les individus altérés par l'alcool; son mode de coloration naturel consiste en un brun noir régnant uniformément sur le dessus et les côtés de la tête, du tronc et de la queue et une teinte blanchâtre répandue sur les lèvres et les régions inférieures du corps. »

Ces indications sont inexactes, nos exemplaires Sénégambiens *vivants* sont identiques au type décrit par Smith (*loc. cit.*) : « superne viridi brunneus, inferne flavus, aliquando livido viridi variegatus. »

224. ABLABES HILDEBRANDTII Peters.

Ablabes Hildebrandtii Peters, Monat. Ak. d. Wissens, Berlin, 1878,
p. 180.
— Fisch., Aband. Geb. Natur. Hamb., 1884, p. 7.

Djahn. — Peu commun. — Mêmes localités que l'espèce précédente; s'avance plus dans le Nord-Est : Guettala, Makandianbongou.

Nos types ne peuvent être différenciés de ceux décrits par Peters et Fischer, les exemplaires provenant de Thionk et Diouk nous ont été communiqués par le Capitaine Daboville et par M. Pelletier. Le Dr Colin a retrouvé l'espèce dans le haut Sénégal, notamment à Guettala.

Gen. PSAMMOPHYLAX Fitz.

225. PSAMMOPHYLAX RHOMBEATUS Fitz.

Psammophylax rhombeatus Fitz., Syst. Rept., p. 26.
Coronella rhombeata Boié, Isis, 1827, p. 539.
Dipsas rhombeata Dum. et Bib., Erp. Gen., t. VII, p. 1154.
Trimerorhinus rhombeatus Smith., Ill. Zool. S. Afr., pl. LVI.

Djahn. — Assez commun. — Gambie, Casamence, Mélacorée, Albréda; remonte dans l'Ouest et dans le Nord-Est, où il est plus rare: Pays des Serrères, Kaarta, Kounakeri, M'Boul, Guellé, Matam.

Cette espèce, du Cap, est répandue dans toute la Sénégambie.

Gen. **MACROPROTODON** Guich.

226. MACROPROTODON CUCULLATUS Jan.

Macroprotodon cucullatus Jan, Elenc. Syst. d. Ofidi, p. 55.
     —   *Mauritanicus* Guich., Exp. Alger. Rept., p. 22.
Lycognatus cucullatus Dum. et Bib., Erp. Gen., VII, p. 962.

Djahn. — Peu commun. — Khorkol, M'Boul, Guellé, Portendik, Bakoy, Bafing, Jarra, Gasser-El-Barka, Cap Mirik.

227. MACROPROTODON TEXTILIS Jan.

Macroprotodon textilis Jan, Elenc. Syst. d. Ofidi, p. 55.
Lycognatus textilis Dum. et Bib., Erp. Gen., VII, p. 931.

Djahn. — Peu commun. — Mêmes localités que l'espèce précédente.

Ces deux espèces, d'Egypte et du Nord de l'Afrique, ne dépassent pas la région Est de la Sénégambie et celle qui confine au Sahara; elles font partie des types Algériens dont la présence a été souvent constatée sur les derniers confins du désert Sénégambien.

Gen. **AMPLORHINUS** Smith.

228. AMPLORHINUS MULTIMACULATUS Smith.

Amplorhinus multimaculatus Smith., Ill. Zool. S. Afr., pl. LVII.

Djahn. — Peu commun. — Mélacorée, Gambie, Albréda, Zekinkior.

M. Gunther commet une grossière erreur en donnant cette espèce comme synonyme du *Coronella multimaculata* de Smith;

un simple examen des figures de l'auteur Anglais, lui aurait
facilement démontré que les deux types sont entièrement distincts; une étude plus attentive lui aurait appris, en outre, qu'ils
appartiennent à deux familles différentes. Nous reviendrons plus
loin sur ce sujet.

Fam. **NATRICIDÆ** Gunth.

Gen. **GRAYA** Gunth.

229. GRAYA SILUROPHAGA Gunth.

Graya Silurophaga Gunth., Cat. Snakes, p. 51.

N'Dokhdome. — Assez commun. — Thionk, Diouk, Leybar, N'Guer,
Gambie, Marigot aux Huîtres.

M. Gunther a cru devoir baptiser cette espèce du nom de
Silurophaga, à cause de la présence, dans l'estomac de son type,
d'un spécimen de *Clarias Hasselquisti;* ce Siluroïde ne constitue
pas sa nourriture exclusive, les autres Poissons de petite taille
sont fréquemment capturés, et le nom de *piscivora,* plus vrai,
n'aurait pas eu l'inconvénient de généraliser un fait excep-
tionnel.

Gen. **TROPIDONOTUS** Kuhl.

230. TROPIDONOTUS FEROX Gunth.

Tropidonotus ferox Gunth., Ann. and Mag. Nat. Hist., 1863, p. 355,
pl. VI, fig. *f* et id., 1872, p. 27.

N'Dokhdome. — Peu commun. — Marigot des Maringouins, Fez,
Merinaghem, Kouguel, Falémé, Bakoy, Bafing, Lac de Pagnefoul.

M. Gunther avait déjà signalé cette espèce dans l'Afrique
Ouest.

11

Gen. **LIMNOPHIS** Gunth.

231. **LIMNOPHIS BICOLOR** Gunth.

Limnophis bicolor Gunth., Ann. and Mag. Nat. Hist., 1865, p. 96,
pl. XI, fig. c.
—   B. du Boc., J. Sc. Lisb., 1866, p. 68.

N'Dokhdome. — Peu commun. — Mêmes localités que l'espèce
précédente et de plus la Gambie et la Casamence.

Ce type, d'Angola, est éminemment Sénégambien, comme le
démontrent les exemplaires recueillis par le Dr Cédont.

Gen. **HYDRÆTHIOPS** Gunth.

232. **HYDRÆTHIOPS MELANOGASTER** Gunth.

Hydræthiops melanogaster Gunth., Ann. and Mag. Nat. Hist., 1872,
p. 28, tab. IX.

N'Dokhdome. — Rare. — Gambie, Casamence, Mélacorée, Dianoch,
Kaour, Cagnout, Ghimberinghe.

Jusqu'ici, cette espèce n'avait été observée qu'au Gabon.

Fam. **COLUBRIDÆ** C. Bp.

Gen. **ZAMENIS** Wagl.

233. **ZAMENIS FLORULENTUS** Dum. et Bib.

Zamenis florulentus Dum. et Bib., Erp. Gen., t. VII, p. 693.
Couleuvre à bouquets J. G. St-Hil., Descr. Égypt., pl. VIII, f. 1.
Zamenis ventrimaculatus Var. D. Gunth., Cat. Snakes, p. 106.

Djansa. — Assez rare. — Kita, Bakel, Bords du Bakoÿ, M'Boul, Guellé, Khorkohl.

Cette espèce, d'Egypte, pénètre jusque dans le haut Sénégal.

Gen. **PERIOPS** Wagl.

234. PERIOPS HIPPOCREPIS Wagl.

Periops hippocrepis Wagl. Nat. Syst. Amph., p. 189.
      —   Dum. et Bib., Erp. Gen., t. VII, p. 675.
Zamenis hippocrepis Gunth., Cat. Snakes, p. 103.
Coluber domesticus Lin., Syst. Nat., 1, p. 389.

Djansa. — Assez commun. — Cap Mirik, Argain, Agnitier, Gasser-El-Barka, Almadies, Portendik.

Ce *Periops* est l'une des espèces du Nord de l'Afrique, que l'on voit descendre jusqu'à la lisière désertique de la Sénégambie.

235. PERIOPS PARALLELUS Dum. et Bib.

Periops parallelus Dum. et Bib., Erp. Gen., t. VII, p. 678.
Zamenis Cliffordii Gunth., Cat. Snakes, p. 104.

Djansa. — Assez commun. — Sorres, Gandiole, N'Diago, Cayor, Oualo, Gadieba, Kaarta, Ponte, Joalles, Rufisque, Han.

Gen. **SCAPHIOPHIS** Peters.

236. SCAPHIOPHIS ALBOPUNCTATUS Peters.

Scaphiophis albopunctatus Peters, Monat. Ak. d. Wissens, Berlin,
                    1870, p. 645, taj. 1, fig. 4.

Djansa. — Rare. — Gambie, Mélacorée, Casamence, Sedhiou, Albréda, Ile aux Chiens.

Cette espèce s'étend de la Guinée à la basse Sénégambie, où elle a été découverte par le Dr Cédont.

237. SCAPHIOPHIS RAFFREYI Bocourt.

(Pl. XVIII, fig. 1.)

Scaphiophis Raffreyi Bocourt, Ann. Sc. Nat., 6ᵉ sér., Zool., 1875, t. II, art. 3.

Djansa. — Rare. — Kita, Boukarié, Maïna, Macandianbongou.

Le type Abyssinien décrit par M. Bocourt ne diffère sous aucun rapport des spécimens du haut Sénégal ; nous figurons un exemplaire provenant de Maïna.

Très voisin du *Scaphiophis albopunctatus,* il s'en distingue, comme le fait observer M. Bocourt, par le nombre des rangées d'écailles et sa coloration.

Les écailles sont distribuées de la façon suivante chez les deux espèces :

	S. Albopunctatus.	*S. Raffreyi.*
Au cou	25 rangées.	31
Au milieu du corps	23	27
Gastrotèges	210 au total.	232
Urostèges	64	55

Une teinte d'un jaune roussâtre règne sur les parties supérieures du *Scaphiophis Raffreyi,* dont le dos porte une bande de couleur plus foncée et quelques écailles brunes légèrement maculées de blanc à la base ; les régions inférieures sont d'un jaune pâle.

Gen. **MACROPHIS** B. du Boc.

238. MACROPHIS ORNATUS B. du Boc.

Macrophis ornatus B. du Boc., J. Sc. Lisb., 1866, p. 67, pl. 1, fig. 2.

Rare. — Mélacorée, Casamence, Gambie.

Un exemplaire de Kaour a été recueilli par le Dr Cédont, et ne
diffère pas du type de l'intérieur d'Angola, décrit par M. Barboza
du Bocage.

Fam. **PSAMMOPHIDÆ** Gunth.

Gen. **PSAMMOPHIS** Boie.

239. **PSAMMOPHIS SIBILANS** Schl.

Psammophis sibilans Schl., Ess., II, p. 207.
    —   Böttger, Abhand. Senck. Nat. Gesel. Frankj.,
        1881, p. 395.

Joulojh. — Commun. — Sorres, Diouk, Pointe de Barbarie, Rufisque, Joalles, Cap Mirik, les deux Mamelles, Han, Ponte, Gambie,
Albréda, Zekinkior.

La Gambie, Rufisque, sont indiqués par Gunther et Böttger,
comme localités habitées par cette espèce, dont l'aire d'habitat
s'étend sur presque tout le Continent Africain.

240. **PSAMMOPHIS MONILIGER** Schl.

Psammophis moniliger Schl., Ess. II, p. 207.
    —   Dum. et Bib., Erp. Gen., t. VII, p. 891.
Coluber moniliger Daud., Rept., t. VII, p. 69.

Joulojh. — Assez commun. — Mêmes localités que l'espèce précédente.

241. **PSAMMOPHIS SUBTÆNIATUS** Rochbr.

Psammophis subtæniatus Rochbr., Mss., 1883.
Psammophis sibilans var. *subtæniata* Peters, Reise Nach. Mosamb.,
        p. 121.

Joulòjh. — Assez commun. — Matam, M'Boul, Guettala, Makana. Banionkadougou.

La variété *subtæniata* de Peters, que nous considérons comme une espèce, de même que la suivante, est plus particulièrement localisée dans le haut Sénégal et la région Nord-Est.

242. PSAMMOPHIS INTERMEDIUS Rochbr.

Psammophis intermedius Rochbr., Mss., 1883.
Psammophis sibilans vàr. *intermedius* Fisch., Abband. Geb. Natur.
Hamb., 1884, p. 14.

Joulojh. — Peu commun. — Mêmes localités que le *Psammophis subtæniatus.*

243. PSAMMOPHIS ELEGANS Shaw.

Psammophis elegans Shaw., Zool. Baud., III, p. 536.
   —   Dum. et Bib., Erp. Gen., t. VII, p. 894.
   —   Böttger., Abhandl. Senck. Nat. Gesel., p. 395.

Joulojh. — Commun. — Thionk, Leybar, Diouk, Portendik, Joalles, Rufisque, Albréda, Sedhiou, Zekinkior.

244. PSAMMOPHIS IRREGULARIS Fisch.

Psammophis irregularis Fisch., Abhand. Geb. Nat. Hamb., 1856,
   p. 92.
   —   Gunth., Cat. Snakes, p. 137.

Joulojh. — Assez commun. — Mêmes localités que l'espèce précédente.

245. PSAMMOPHIS CRUCIFER Boié.

Psammophis crucifer Boié, Isis, 1827, p. 547.
Coluber crucifer Merr., Beitr., I, pl. III.
   — *lurus* Klein., Tent., p. 36.

Joulojh. — Assez rare. — Gambie, Mélacorée, Zekinkior, Guettala, Matam.

La basse Sénégambie et le haut fleuve possèdent cette espèce, indiquée jusqu'ici comme spéciale au Cap.

246. PSAMMOPHIS PUNCTULATUS Dum. et Bib.

Psammophis punctulatus Dum. et Bib., Erp. Gen., VII, p. 897.
        —   Peters, Nach. Reise N. Mosambique, p. 123.

Joulajh. — Peu commun. — Diouk, Sorres, Dakar-Bango, Cayor, Kaarta, Zekinkior.

Dumeril et Bibron indiquent cette espèce en Arabie; elle vit en Mosambique, suivant Peters, et nous l'avons observée dans la majeure partie de la Sénégambie. Son aire d'habitat serait ainsi considérable.

247. PSAMMOPHIS TRIGRAMMUS Gunth.

Psammophis trigammus Gunth., Ann. And. Mag. Nat. Hist., 1865,
        p. 7.

Joulajh. — Peu commun. — Kaour, Maka, Dianoch, Guellé, Guettala, Portendik, Ponte, Han, Mélacorée.

248. PSAMMOPHIS BISERIATUS Peters.

Psammophis biseriatus Peters, Monat. Ak. d. Wissens, Berlin, 1881,
        p. 81.
        —   Fisch., Abband. Geb. Natur., Hamb., 1884,
        p. 13.

Joulajh. — Rare. — Kita, Kouguel, Talaari, Bandoubé, Bakel, Guettala.

Cette espèce, de l'Afrique Est, existe également dans la haute Sénégambie, où elle a été capturée par M. le Dr Colin.

Gen. **RHAMPHIOPHIS** Peters.

249. **RHAMPHIOPHIS ROSTRATUS** Peters.

Rhamphiophis rostratus Peters, Monat. Ak. d. Wissens, Berlin, 1854, p. 624.
— Peters, Reise Nach. Mosamb., p. 124.
Cœlopeltis porrectus Jan, Icon. Oph., 34 livr., pl. II, fig. 1.

Bakansa. — Rare. — Talaari, Bandoubé, Kita, Banionkadougou, Khorkhol, Guettala.

Cette espèce remarquable a été observée dans la haute Sénégambie par M. le Dr Colin.

Gen. **DIPSINA** Jan.

250. **DIPSINA MULTIMACULATA** Jan.

Dipsina multimaculata Jan, Elenc. Syst. Ofidi, p. 55.
Coronella multimaculata Smith., Ill. Zool. S. Afric., pl. LXI.

Djahbacan. — Peu commun. — Gambie, Casamence, Mélacorée, Sedhiou, Wagran; remonte plus rarement dans l'Ouest : Sebicoutane, Deny-Dack.

C'est l'espèce que M. Gunther a malencontreusement confondue avec l'*Amplorhinus multimaculatus*.

251. **DIPSINA RUBROPUNCTATA** Fisch.

Dipsina rubropunctata Fisch., Abband. Geb. Natur. Hamb., 1884, p. 7, taf. I, f. 3.

Djahbakan. — Assez rare. — Guettala, Maïna, Banionkadougou, Ouarkokh.

Nous devons à M. le Dr Ludovic Savatier d'inscrire ces deux espèces dans la faune Sénégambienne.

Gen. **CŒLOPELTIS** Wagl.

252. **CŒLOPELTIS LACERTINA** Wagl.

Cœlopeltis lacertina Wagl., Nat. Syst. Amph., p. 189.
    —   *insignitus* Dum. et Bib., Erp. Gen., VII, p. 1130.
La Couleuvre maillée J. G. St-Hil., Descr. Egyp. Rept., pl. VII, fig. 6.

Dihane. — Peu commun. — Portendik, forêts de Gommiers, Aleb, Kaidé, Jarra, Ferani, Gasser-El-Barka.

Cette espèce, de l'Afrique Nord, des régions méridionales Européennes, est indiquée de l'Afrique Ouest par Gunther (*Cat. Snakes,* p. 139); elle ne dépasse pas, à notre connaissance du moins, la région désertique Sénégambienne.

Gen. **RHAGERRHIS** Peters.

253. **RHAGERRHIS TRITÆNIATA** Gunth.

Rhagerrhis tritæniata Gunth., Ann. and Mag. Nat. Hist., 1868, p. 422.
    —   B. du Boc., J. Sc. Lisb., 1873, n° 15, p. 12.

Dihane. — Assez rare. — Ouarkokh, Maïna, Kaarta, Zekinkior, Cagnout, Cagnac-Cay.

D'Angola et de Mosambique, cette espèce appartient également au Sud et au Nord-Est de la Sénégambie.

254. RHAGERRHIS PRODUCTA Peters.

Rhagerrhis producta Peters, Monat. Ak. d. Wissens, Berlin, 1862, p. 275.
Cœlopeltis productus Gervais, Ac. Sc. Montpel., II, p. 512, pl. V, fig. 5.

Dihane. — Rare. — Mêmes localités que son congénère.

Fam. **DRYADIDÆ** Dum. et Bib.

Gen. **HERPETODRYAS** Boié.

255. HERPETODRYAS BERNIERI Dum. et Bib.

Herpetodryas Bernieri Dum. et Bib., Erp. Gen., t. VII, p. 211.

Jahne. — Commun. — Khasa, Safal, Babagayhc, Bokol, Gahé, M'Bilor, Kaarta, Oualo, Ponte, Sebicoutane, Gandiole, Mélacorée, Gambie.

Cette espèce, indiquée comme propre à Madagascar et à l'Ile de France, est une des plus communes de la Sénégambie; répartie sur toute l'étendue de cette région, elle ne présente aucun caractère différentiel avec les types des îles Africaines, où elle avait été jusqu'ici seulement observée.

Gen. **PHILODRYAS** Wagl.

256. PHILODRYAS LINEATUS Jan.

Philodryas lineatus Jan, Elenc. Syst. di Ofidi, p. 83.
Dryophylax lineatus Dum. et Bib., Erp. Gen., t. VII, p. 1124.

Jahne. — Peu commun. — Macandianbongou, Guettala, M'Boul, Bokol, M'Baroul, Douzar, Sebicoutane.

La haute Sénégambie possède cette espèce, découverte en premier lieu dans les régions du Nil Blanc.

257. PHILODRYAS MINIATUS Jan.

Philodryas miniatus Jan, Elenc. Syst. di Ofidi, p. 84.
Dryophylax miniatus Dum. et Bib., Erp. Gen., t. VII, p. 1120.

Jahne. — Rare. — Gahé, Bokol, Thionk, Yen, Kaarta, Merinaghem, Safal.

258. PHILODRYAS GOUDOTI Jan.

Philodryas Goudoti Jan, Elenc. Syst. di Ofidi, p. 84.
Dryophylax Goudoti Dum. et Bib., Erp. Gen., t. VII, p. 1122.
Herpetodryas Goudoti Schleg., Ess. Phys. Serp., II, p. 187.

Jahne. — Rare. — Mêmes localités que l'espèce précédente.

Ces deux espèces, de Madagascar, sont incontestablement Sénégambiennes; nous les avons capturées nous-même, et elles nous ont été données par MM. les Drs Ludovic Savatier, Colin, ainsi que par le Capitaine Daboville.

Gen. HERPETÆTHIOPS Gunth.

259. HERPETÆTHIOPS BELLII Gunth.

Herpetæthiops Bellii Gunth., Ann. and Mag. Nat. Hist., 1866, p. 27, pl. VII, fig. *b*.

Rare. — Mélacorée, Gambie, Casamence, Zekinkior.

Le type décrit par M. Gunther (*loc. cit.*) provient de Sierra-Leone.

Gen. **XENUROPHIS** Gunth.

260. **XENUROPHIS CŒSAR** Gunth.

Xenurophis Cœsar Gunth., Ann. and Mag. Nat. Hist., 1863, p. 357,
pl. VI, fig. *c.*

Rare. — Mélacorée.

Un spécimen de cette rare espèce, découverte à Zekinkior,
nous a été communiqué par le Dr Carpentin.

Fam. **DENDROPHIDÆ** Schleg.

Gen. **LEPTOPHIS** Bell.

261. **LEPTOPHIS SMARAGDINUS** Dum. et Bib.

Leptophis smaragdinus Dum. et Bib., Erp. Gen., t. VII, p. 537.
Dendrophis smaragdinus Schleg., Ess. Phys. Serp., II, p. 237.

Owangala. — Commun. — Leybar, Thionk, Diouk, Dakar-Bango,
Gadieba, Sebicoutane, Hann, Rufisque, Kaour, Zekinkior, Albréda.

Gen. **PHILOTHAMNUS** Smith.

262. **PHILOTHAMNUS IRREGULARIS** Fisch.

Philothamnus irregularis Fisch., Abband. Geb. Natur. Hamb., 1884,
p. 11.
Coluber irregularis Leach., in Bowdich. Ashantœ App., p. 493.
Dendrophis Chenonii Reinh., Dansk. Vid. Selsk. Afh., X, 1843, p. 246.
Leptophis Chenonii Dum. et Bib., Erp. Gen., t. VII, p. 545.
Philothamnus albovariata Smith., Ill. Zool. S. Afr., pl. LXV.

Owan. — Assez commun. — Thionk, Leybar, Sorres, Dagana, Rufisque, Ponte, Albréda, Zekinkior.

263. PHILOTHAMNUS SEMIVARIEGATUS Smith.

Philothamnus semivariegatus Smith., Ill. Zool. S. Afr., pl. LIX-LX, et pl. LXIV, fig. 1.

Owangala. — Assez commun. — Ghimberinghe, Samatite, Zekinkior, Oualo, Kaarta, Gandiole, Sebicoutane, Guellé, M'Boul, Guettala.

264. PHILOTHAMNUS PUNCTATUS Peters.

Philothamnus punctatus Peters, Monat. Ak. d. Wissens, Berlin, 1866, p. 889.

 —   Peters, Reise Nach. Mosambique, p. 129, pl. XIX, *a*, fig. 1.

Owan. — Assez rare. — Kita, Falémé, Bakoy, Makandianbongou, Guellé, Khorkhol.

Cette espèce, de Mosambique, paraît localisée dans la haute Sénégambie, d'où l'ont rapportée MM. les Drs Ludovic Savatier et Colin.

265. PHILOTHAMNUS NATALENSIS Smith.

Philothamnus Natalensis Smith., Ill. Zool. S. Afr., pl. LXIV.

Owan. — Peu commun. — Gambie, Casamence, Mélacorée, Zekinkior, Sedhiou, Bathurst.

Gen. **CHLOROPHIS** Hallow.

266. CHLOROPHIS HETERODERMUS Hallow.

Chlorophis heterodermus Hallow., Proced. Ac. N. S. Philad., 1857, p. 55.

 —   Cope, Proced. Ac. N. S. Philad., 1860, p. 559.

Owan. — Rare. — Mêmes localités que l'espèce précédente.

Gen. **HAPSIDOPHRYS** Fisch.

267. HAPSIDOPHRYS LINEATUS Fisch.

Hapsidophrys lineatus Fisch., Abhand. Geb. Naturw., 1856, p. 110.
     —   Gunth., Cat. Snakes, p. 144.
Dendrophis nigrolineatus Schleg., Nom. Rept. Mus. Berol., p. 26.

Owan. — Assez commun. — Gambie, Casamence, Mélacorée, Albréda, Zekinkior; remonte dans l'Ouest : Guettala, Makandian-bongou, Bokol, Néoulĕ, Kaibel, N'Baroul, Thionk, Diouk.

268. HAPSIDOPHRYS CŒRULEUS Fisch.

Hapsidophrys cœruleus Fisch., Abhand. Geb. Naturw., 1856, p. 111,
            pl. II, fig. 5-6.
     —   Gunth., Cat. Snakes, p. 145.

Owan. — Assez rare. — Kita, Podor, Bakel, Dagana, Saldé, Maïna, Bafoulabé.

269. HAPSIDOPHRYS NIGER Gunth.

Hapsidophrys niger Gunth., Ann. and Mag. Nat. Hist., 1872, p. 25.

Owan. — Rare. — Mélacorée, Casamence, Dianoch, Kaour, Ma-loumb, Cagnac-Cay, Itou, Wagran.

Le type décrit par M. Gunther provenait du Gabon.

Un des exemplaires que nous avons eus en main, et que nous devons à l'obligeance de M. le Dr L. Savatier, se distingue du type de M. Gunther par une coloration plus pâle et des dimensions moindres; pour tout le reste il lui est identique.

Gen. **DISPHOLIDUS** Duvernoy. (1).

270. DISPHOLIDUS TYPUS Rochbr.

Dispholidus typus Rochbr., Mss., 1883.
Bucephalus typus Dum. et Bib., Erp. Gen., t. VII, p. 878.
—   *Capensis* Smith., Ill. Zool. S. Afr., pl. X.

Sadejh. — Assez commun. — Thionk, Diouk, Leybar, Oualo, Kaarta, Joalles, Rufisque, Albréda, Zekinkior.

271. DISPHOLIDUS VIRIDIS Rochbr.

Dispholidus viridis Rochbr., Mss., 1883.
Bucephalus viridis Smith., Ill. Zool. S. Afr., pl. III.
—   *typus* Var. *viridis* Auctor.

Sadejh. — Assez commun. — Mêmes localités que l'espèce précédente.

Cette espèce est indiquée à Rufisque par Böttger (*Abhand. Senck. Nat. Gesells.* 1884, p. 397).

Avec Smith, nous considérons le *Dispholidus viridis* comme espèce distincte et non comme une variété du *Dispholidus typus.* Les caractères différentiels énumérés par l'auteur sont trop évidents pour qu'il soit nécessaire d'insister et de les énumérer ici.

---

(1) Le genre *Bucephalus,* créé par Smith en 1829 *(Zool. Journ.),* ne peut être conservé, car il a été proposé et accepté, en 1827, par Baër, pour un groupe de *Trematodes.* Le genre *Dispholidus* de Duvernoy (1833) et celui de *Dryomedusa* de Fitzenger (1843), étant synonymes de *Bucephalus,* l'un des deux doit remplacer ce dernier; le genre *Dispholidus* antérieur de dix années, est celui sous lequel nous désignons les espèces Sénégambiennes jusqu'ici classées dans le genre *Bucephalus.*

Gen. **CHRYSOPELEA** Boie.

272. CHRYSOPELEA PRÆORNATA Gunth.

Chrysopelea præornata Gunth., Cat. Snakes, p. 147.
Dendrophis præornata Schleg., Ess., II, p. 236.
Oxyrhopus præornatus Dum. et Bib., Erp. gen., VII, p. 1039.

Sadejh. — Peu commun. — Thionk, Diouk, Leybar, Oualo, Kaarta, Sebicoutane, Douzar.

Gen. **RHAMNOPHIS** Gunth.

273. RHAMNOPHIS ÆTHIOPISSA Gunth.

(Pl. XIX, fig. 1.)

Rhamnophis Æthiopissa Gunth., Ann. and Mag. Nat. Hist., 1862, p. 129, pl. X.

Sadejh. — Rare. — Guellé, Ouarkhokh, M'Boul, Dianoch, Kaour.

L'exemplaire que nous figurons provient de Kaour et nous a été communiqué par le Dr Carpentin; identique au type de M. Gunther par l'ensemble de ses caractères, il en diffère sensiblement par son mode de coloration : toutes les parties supérieures sont d'un brun violet changeant; une ligne orange règne sur le milieu du dos; deux lignes de même couleur s'étendent de chaque côté de la queue, des bandes d'un violet pourpre partagent le corps en anneaux réguliers; les parties inférieures sont d'un jaune orangé; les gastrotiges sont bordées de brun pourpre.

Gen. **THRASOPS** Hallow.

274. THRASOPS FLAVIGULARIS Hallow.

Thrasops flavigularis Hallow., Proced. Ac. N. Sc. Philad., 1857, p. 67.

Sadejh. — Rare. — Kaour, Gourba, Dianoch, Cagnac-Cay, Ghim-beringhe, Maloumb, Monsor, Samatite, Albréda.

Cette espèce, du Gabon, remonte dans la basse Sénégambie où elle paraît localisée. Nous en possédons un exemplaire de Maloumb, que nous devons au Capitaine Daboville.

Fam. **DRYOPHIDÆ** Gunth.

Gen. **UROMACER** Dum. et Bib.

275. UROMACER OXYRHYNCHUS Dum. et Bib.

Uromacer oxyrhynchus Dum. et Bib., Erp. Gén., t. VII, p. 722, pl. LXXXIII, fig. 1.
Ahætulla oxyrhyncha Gunth., Cat. Snakes, p. 154.

Ewovo. — Commun. — Sebicoutane, Deny-Dack, Douzar, Thionk, Diouk, Bakel, Boukarié, Maïna, Mélacorée.

Cette espèce est l'une des plus communes de la Sénégambie. M. Gunther (*loc. cit.*) la donne comme originaire de Saint-Domingue ; nous ignorons s'il est revenu sur cette manière de voir, les recherches les plus minutieuses ne nous ont fourni aucune indication à ce sujet ; quoi qu'il en soit, à l'époque où il publiait son *Catalogue of Colubrine Snakes* (1858), il mettait en doute l'origine Africaine de l'*Uromacer oxyrhynchus* et, en le donnant comme de Saint-Domingue, il le confondait incontestablement avec une autre espèce.

Cette manière de faire, du reste, n'a pas lieu d'étonner, de la part de M. Gunther dont les ouvrages fourmillent d'erreurs grossières, malgré l'autorité que l'on attache d'habitude à son nom.

Gen. **THELOTORNIS** Smith.

276. THELOTORNIS KIRTLANDII Peters.

Thelotornis Kirtlandii Peters, Reise Nach. Mosambique, p. 131,
taj. XIX, fig. 2.
Leptophis Kirtlandii Hallow., Proc. Ac. Nat. Sc. Philad., 1844, p. 62.
Thelotornis Capensis Smith, Ill. Zool. S. Afr., App., p. 19.
Oxybelis Lecomtei Dum. et Bib., Erp. Gen., t. VII, p. 821.
Cladophis Kirtlandii A. Dum., Arch. Mus., X, p. 204, pl. XVII, f. 8.

Sadejh. — Peu commun. — Gambie, Casamence, Mélacorée, Sedhiou, Wagran, Ile aux Chiens, Monsor, Maloumb, Cagnac-Cay.

L'aire d'habitat de cette espèce, découverte d'abord au Gabon,
est assez étendue, puisqu'on la rencontre à la Côte-d'Or, en Mosambique, à Angola et en Sénégambie.

Fam. **DIPSADIDÆ** Schleg.

Gen. **TARBOPHIS** Fleisch.

277. TARBOPHIS VIVAX Dum. et Bib.

Tarbophis vivax Dum. et Bib., Erp. Gén., VII, p. 913.
Coluber vivax Fitz., Neue, Class. Rept., p. 57.
Dipsas fallax Schleg., Phys. Serp., II, p. 295.

Ewovo. — Peu commun. — Matam, Guellé, Terrier du Coq, Kita,
Portendik, Forani, Jarra.

Cette espèce, d'Égypte et d'Europe, habite la région Nord-Est
de la Sénégambie, d'où elle s'étend le long de la limite désertique
qu'elle ne dépasse jamais; elle ne nous est pas connue dans le
Sud.

Gen. **TELESCOPUS** Wagl.

278. **TELESCOPUS OBTUSUS** Dum. et Bib.

Telescopus obtusus Dum. et Bib., Erp. Gen., VII, p. 1056.
Coluber obtusus Reuss., Mus. Senck., I, p. 137.
Dipsas Ægyptiaca Schleg., Abbild. Amph., p. 135, pl. XLV, fig. 19.

Ewovo. — Assez rare. — Se rencontre dans les mêmes régions que l'espèce précédente.

279. **TELESCOPUS SEMI ANNULATUS** Smith.

Telescopus semi annulatus Smith, Ill. Zool. S. Afr., pl. LXXII.
    —   Dum. et Bib., Erp. Gen., VII, p. 1058.
    —   Peters, Monat. Ak. d. Wissens, Berlin, 1867, p. 137.
Leptodira semi annulata Gunth., Ann. and Mag. Nat. Hist., 1872, p. 31.

Ewovo. — Peu commun. — Gambie, Casamence, Mélacorée, Samatite, Cagnout, Maloumb, Maka, Dianoch.

Entièrement distinct de l'espèce précédente, ce *Telescopus,* de la basse Sénégambie, habite également le Cap où il a été découvert par Smith, et en Mosambique où l'indique Peters.

Tout nous porte à penser que le *Leptodira semi annulata,* décrit par M. Gunther (*loc. cit.*) comme espèce nouvelle, n'est autre que le *Telescopus semi annulatus* de Smith; la forme générale, le nombre des rangées d'écailles, leur disposition, les couleurs sont identiques, aussi l'inscrivons-nous en synonymie.

Gen. **TRIGLYPHODON** Dum. et Bib.

280. **TRIGLYPHODON PULVERULENTUM** Jan.

Triglyphodon pulverulentum Jan, Elenc. Syst. di Ofidi, p. 102.
Dipsas pulverulenta Fisch., Abhand. Geb. Nat. Hamb., 1856, p. 81.

Dhiane. — Rare. — Gambie, Casamence, Mélacorée, Albréda, Sedhiou, Cagnac-Cay, Monsor.

281. TRIGLYPHODON FUSCUM Dum. et Bib.

Triglyphodon fuscum Dum. et Bib., Erp. Gen., VII, p. 1101.
Dipsas valida Fisch., Abhand. Geb. Nat. Hamb., 1856, p. 87.
   —   Gunth., Cat. Snakes, p. 172.

Dhiane. — Peu commun. — Gambie, Mélacorée, Dianoch, Maka,
Gourba, Kaour, Ile aux Chiens, Wagran.

Le nom de *Trigliphodon fuscum,* dit M. Gunther (*loc. cit.*), ne
peut être conservé : « having been given to an Australian species
of genus, by Gray in the year 1842. »

Gray *Zool. Miscel.* 1842, p. 54) a publié un *Dendrophis fusca;*
on ne sait pourquoi M. Gunther a jugé à propos de faire de ce
Dendrophis un *Dipsas,* aussi croyons-nous qu'il n'y a pas lieu de
tenir compte de son observation et d'accepter, comme il le fait,
le nom de *valida* (*Fischer* 1856), postérieur à celui de *fusca* (Dum.
et Bibr., 1854).

Le *Triglyphodon fuscum,* indiqué seulement à la Côte de Guinée, au Fantee, à la Côte d'Ivoire, vit dans la basse Sénégambie,
où il a été recueilli par le Capitaine Daboville et le Dr Carpentin.

Gen. TOXICODRYAS Hallow.

282. TOXICODRYAS BLANDINGII Hallow.

Toxicodryas Blandingii Hallow., Proced. Ac. N. Sc. Philad., 1857,
         p. 60.
    —   A. Dum., Arch. Mus., X, p. 209.

Sadejh. — Peu commun. — Gambie, Casamence, Mélacorée, Sedhiou, Ghimberinghe, Maloumb, Cagnout, Cagnac-Cay.

Divers Herpétologistes, Jan entre autres (*Elenc. di Ofidi*, p. 105), considèrent cette espèce comme identique au type Indien, décrit sous le nom d'*Opetiodon cynodon* par Cuvier.

A. Dumeril (*loc. cit.*) a montré les caractères différentiels des deux espèces; ces caractères, que nous trouvons sur nos spécimens Sénégambiens comparés au type Indien, sont les suivants:

« *Type Indien.* — Une seule plaque préoculaire remontant jusqu'à l'angle antérieur de la frontale moyenne, huit temporales, anale simple. »

« *Type Sénégambien.* — Deux plaques préoculaires, la supérieure n'allant pas rejoindre l'angle antérieur de la frontale moyenne, six temporales, anale double. »

Gen. **ETEIRODIPSAS** Jan.

283. **ETEIRODIPSAS COLUBRINA** Jan.

Eteirodipsas colubrina Jan, Elenc. Syst. di Ofidi, p. 105.
Dipsas colubrina Schleg., Abbild. Amph., p. 136, pl. XLV, fig. 21.
      —   Dum. et Bib., Erp. Gén., VII, p. 1146.

Dhiane. — Assez rare. — Gambie, Casamence, Mélacorée, Dianoch, Maka; remonte dans le Nord-Est : Matam, Guellé, M'Boul.

L'*Eteirodipsas colubrina* est une des espèces de Madagascar que l'on voit se montrer sur le continent Africain, et se disperser sur un espace assez considérable. Nous avons déjà eu occasion de citer des exemples semblables pour diverses autres espèces.

Gen. **CROTAPHOPELTIS** Fitz.

284. **CROTAPHOPELTIS RUFESCENS** Jan.

Crotaphopeltis rufescens Jan, Elenc. Syst. di Ofidi, p. 105.
Coluber rufescens Gmel., Syst. Nat., I, p. 1094.
Heterurus rufescens Dum. et Bib., Erp. Gén., VII, p. 1170.
Leptodeira rufescens Gunth., Cat. Snakes, p. 165.

Dhlane. — Assez commun. — Gambie, Casamence, Mélacorée, Ile aux Éléphants, Maka, Sedhiou, Albréda.

M. Gunther (*loc. cit.*) et Böttger (*Abhand. Senck. Nat. Gesel. Frankf.*, 1881, p. 398) avaient déjà indiqué cette espèce en Sénégambie.

Fam. **LYCODONTIDÆ** Dum. et Bib.

Gen. **HETEROLEPIS** Smith.

285. HETEROLEPIS CAPENSIS Smith.

Heterolepis Capensis Smith., Ill. Zool. S. Afr., pl. LV.
—   Dum. et Bib., Erp. Gen., VII, p. 427.

Domo. — Rare. — Gambie, Casamence, Mélacorée, Albréda, Zekinkior, Bathurst.

Le type de cette espèce provient du Cap ; la figure de Smith ne répond, en aucune façon, à la description exacte qu'il donne de sa coloration.

286. HETEROLEPIS GLABER Jan.

Heterolepis glaber Jan, Elenc. Syst. di Ofidi, p. 98.

Domo. — Rare. — Habite les mêmes localités que l'espèce précédente.

Jan (*loc. cit.*) indique cette espèce à la Côte-d'Or et à Boutry (*Afr. Occid.*).

Gen. **SIMOCEPHALUS** Gray.

287. SIMOCEPHALUS POENSIS Gray.

Simocephalus Poensis Gray, in Gunth. Cat. Snakes, p. 194.
    —   Gunth., Ann. and Mag. Nat. Hist., 1863, p. 360.
Heterolepis Poensis Smith., Ill. Zool. S. Afr., note, pl. LV.
  —   *bicarinatus* Dum. et Bib., Erp. Gén., VII, p. 422.

Dome. — Peu commun. — Mélacorée, Kaour, Dianoch, Gourba, Ile aux Chiens.

Cette espèce, de la basse Sénégambie, observée pour la première fois à Fernando-Po, existe en Guinée, au Calabar et dans les monts Cameroon.

288. SIMOCEPHALUS GRANTI Gunth.

Simocephalus Granti Gunth., Ann. and Mag. Nat. Hist., 1863, p. 360, pl. V, fig. *f*.

Dome. — Peu commun. — Gambie, Mélacorée, Benty, Bandoubé, Sebicoutane, Kaarta, Makhana.

Gen. **LAMPROPHIS** Fitz.

289. LAMPROPHIS AURORA Dum. et Bib.

Lamprophis aurora Dum. et Bib., Erp. Gén., VII, p. 431.
Coronella aurora Schleg., Ess., II, p. 75.

Dome. — Peu commun. — Rufisque, Joalles, Han, Ponte, Kaarta, Oualo, Sebicoutane, Kenakeri, Diouk, Thionk.

Gen. **LYCOPHIDION** Fitz.

290. **LYCOPHIDION HORSTOCKII** Schleg.

Lycophidion Horstockii Schleg., Ess., II, p. 111.
Lycodon Capensis Smith., Ill. Zool. S. Afr., tab. V. (Non Dum. et Bib.)

Gamba. — Assez commun. — Gambie, Casamence, Mélacorée, Maloumb, Samatite, Wagran.

Cette espèce a été observée au Cap et à Angola.

291. **LYCOPHIDION GAMBIENSE** Rochbr.

Lycophidion Gambiense Rochbr., Mss., 1883.
　　　—　　　*Horstockii* var. Gunth., Ann. and Mag. Nat. Hist., 1866,
　　　　　　　　　　　　　　　p. 29.

Rare. — Gambie. (*Teste*, Gunther.)

M. Gunther (*loc. cit.*) cite une variété remarquable « Extraordinary variety » provenant de la Gambie; bien qu'elle paraisse devoir constituer une espèce, dit M. Gunther, « there is not the slightest structural difference from the ty pical *Lycophidion Horstockii.* »

Nous ne connaissons pas le type de M. Gunther; cependant, d'après sa description, nous croyons qu'il peut être élevé au rang d'espèce; nous l'inscrivons sous le nom de *Lycophidion Gambiense* et nous copions textuellement la diagnose de M. Gunther.

« The specimen is 21 inches long; is black, nearly all the scales having bluish white edges, a series of thirty quadrangular white spots occupies the back of the trunk, each spot enclosing nine or ten scales; the series commences with a withe longitudinal streak on the neck and occiput, and terminates with about seven streak like spots on the back of the thail. »

292. LYCOPHIDION LATERALE Hallow.

Lycophidion laterale Hallow., Proced. Ac. N. S. Philad., 1857, p. 58.

Domba. — Rare. — Gambie, Mélacorée, Casamence, Ile aux Chiens, Ghimberinghe.

Cette forme du Gabon remonte dans la basse Sénégambie.

293. LYCOPHIDION ACUTIROSTRE Gunth.

Lycophidion acutirostre Gunth., Ann. and Mag. Nat. Hist., 1868,
p. 427, pl. XIX, fig. *d*.

·Domba. -- Rare. — Kita, Bakel, Falémé, Matam, Makhana, Macandianbongou.

L'exemplaire du haut Sénégal, que nous devons à l'obligeance de M. le Dr Ludovic Savatier, ne diffère en rien de ceux de Zanzibar, remarquables par la forme aiguë du museau et le nombre des scutelles ventrales constamment beaucoup plus petites que dans le *Lycophidion Horstockii* dont il se rapproche le plus.

294. LYCOPHIDION IRRORATUM Gunth.

Lycophidion irroratum Gunth., Ann. and Mag. Nat. Hist., 1868,
p. 426.
Coluber irroratus Leach., in Boud. Miss. Ashantes, p. 494.
Hypsirhina Maura Gray, Zool. Miscel, p. 67.
Lycodon Maura Gray, M. S. Brit. Mus.
Metoporhina irrorata Gunth., Cat. Snakes, p. 198.

Domba. — Peu commun. — Gambie, Casamence, Mélacorée, Bathurst, Zekinkior, Samatite, Gourba, Kaour.

Cette espèce, de la basse Sénégambie, habite la côte de Guinée et provient également de Sierra-Leone.

295. LYCOPHIDION SEMI CINCTUM Dum. et Bib.

Lycophidion semi cinctum Dum. et Bib., Erp. Gen., VII, p. 414.
    —   *semi annulis* Peters, Monat. Ak. d. Wissens, Berlin, 1854,
             p. 622.
    —   —   Peters, Reise Nach. Mosambique, p. 135,
             pl. XVI, fig. 1.

Domba. — Peu commun. — Kaour, Gourba, Samatite, Zekinkior, Banionkadougou, Guettala, Talaari.

Il ne nous est pas possible de distinguer spécifiquement le *Lycophidion semi annulis* de Peters du *Lycophidium semi cinctum* de Dumeril et Bibron, la comparaison des descriptions et des figures montre une identité parfaite, soit dans la taille, soit dans la coloration, soit dans la disposition, le nombre et la forme des écailles.

296. LYCOPHIDION GUTTATUM Jan.

Lycophidion guttatum Jan, Elenc. Syst. di Ofidi, p. 96.
Lycodon guttatum Smith., Ill. Zool. S. Afr., pl. XXIII.

Domba. — Assez rare. — Gambie, Mélacorée, Casamence, Zekinkior, Gourba.

Cette espèce habite également le Cap et Sierra-Leone.

Gen. CATAPHERODON Rochbr. (1).

297. CATAPHERODON UNICOLOR Rochbr.

Catapherodon unicolor Rochbr., Mss., 1883.

---

(1) Le genre *Boædon*, proposé en 1854 par Dumeril et Bibron (*Erp. Gén.*, t. VII, p. 357), a été généralement admis; cependant Gray, Peters, M. Gunther et beaucoup d'autres Naturalistes, ont modifié ce nom dans tous leurs travaux et l'ont écrit Boodon, attribuant faussement cette orthographe aux

Boædon unicolor Dum. et Bib., Erp. Gen., VII, p. 359.
Lycodon unicolor Boie, Isis, 1827, p. 521.

Okendia. — Peu commun. — Maloumb, Itou, Monsor, Dianoch, Kaour, Guellé, Gilfré, Ghimberinghe, Albréda.

M. Steindachner (*Sitz. Ber. Ac. Wien,* 1870) et Böttger (*Abhand. Senck. Nat. Gesel. Frank.,* 1881) indiquent cette espèce en Sénégambie.

---

auteurs de l'*Erpétologie Générale,* sans donner les raisons de ce changement. Quoi qu'il en soit, ni le mot *Boædon,* ni le mot *Boodon* ne peuvent être conservés.

Dumeril et Bibron *(loc. cit.)* ont soin de donner l'étymologie de leur genre *Boædon* qui veut dire : à dents de *Boa* (de *Boa,* Serpent et οδους, dent). Ce mot est hybride, c'est-à-dire composé d'un mot latin *Boa,* Serpent-Bœuf, et οδους, dent; or il existe une loi fondamentale de la nomenclature Linnéenne, loi universellement admise, que nous avons eu plusieurs fois l'occasion d'invoquer à propos *des productions scientifiques d'un Conchyliologiste peu scrupuleux* et ainsi conçue : « *Nomina generica, ex vocabulo Græco et Latino, similibusque, hybrida non agnoscenda sunt.* » (Lin., *Philos. Bot.,* § 223); par ces motifs, le nom générique *Boædon* doit être rejeté.

Quant au mot *Boodon,* modifié sans doute à cause même des raisons que nous venons d'énumérer, il doit également disparaître, car non seulement il ne répond pas au but que cherchaient Dumeril et Bibron, mais de plus, il est absurde puisqu'il indique un caractère impossible.

Son étymologie n'est et ne peut être que celle-ci : Βους, Βοος, Bœuf et οδους, dent; les deux racines sont Grecques, le mot est bon en tant que mot tiré du Grec, c'est possible, mais absurde dans l'espèce, nous le répétons, puisqu'il fait supposer l'existence d'un groupe de *Serpents à dents de Bœuf.*

Les mêmes Herpétologistes, auteurs du genre *Boodon,* lui réunissent, avec raison, du reste, le genre *Eugnathus* de Dumeril et Bibron *(loc. cit.,* p. 357); ce mot remplacerait avantageusement celui de *Boædon,* mais il date de 1854, et possède le désavantage d'être postérieur au genre *Eugnathus,* créé d'abord en 1834 par Schönherr, pour un groupe de *Coléoptères,* puis en 1843, par Agassiz, pour certains Poissons. Cette fois encore le nom de Dumeril et Bibron, comme celui d'Agassiz, ne peuvent être admis.

Conséquemment, nous appuyant sur la caractéristique même de Dumeril et Bibron : « Boædon : *premières dents sus-maxillaires plus longues que les suivantes* », c'est-à-dire *disposées en pente,* nous croyons pouvoir proposer le genre Catapherodon de καταφερής-ής, qui est en pente, et οδους, dent. Tous les *Boædon* ou *Boodon* des auteurs devront être compris dans ce genre.

298. CATAPHERODON CAPENSE Rochbr.

Catapherodon Capense Rochbr., Mss., 1883.
Boædon Capense Dum. et Bib., Erp. Gen., VII, p. 364 (*non Smith*).

Okendia. — Peu commun. — Cagnac-Cay, Sainte-Mary, Ile aux Éléphants, Kaarta, Yen, Deny-Dack, Kounakeri, Gandiole.

Cette espèce a été signalée au Cap et aux Iles Loos.

299. CATAPHERODON VARIEGATUM Rochbr.

Catapherodon variegatum Rochbr., Mss., 1883.
Boodon variegatum Gunth., Ann. and Mag. Nat. Hist., 1868, p. 426.
Alopecion variegatum B. du Boc., J. Sc. Lisb., 1867, p. 230, pl. III,
fig. 4.

Okendia. — Peu commun. — Mélacorée, Gambie, Casamence, Zekinkior, Sedhiou.

Le type décrit par M. Barboza du Bocage (*loc. cit.*) a été capturé dans l'intérieur d'Angola; l'espèce est localisée dans la basse Sénégambie d'où l'a rapportée le Dr Carpentin.

300. CATAPHERODON NIGRUM Rochbr.

Catapherodon nigrum Rochbr., Mss., 1883.
Boodon nigrum Fisch., Abhand. Senck. Ges. Hamb., 1856, p. 91.
    —   *quadrivirgatum* Hallow., Proced. Ac. S. Philad., 1857, p. 56.
    —   *infernalis* Gunth., Cat. Snakes, p. 199.

Okandia. — Peu commun. — Makana, Kita, Falémé, Khasa, Portendik, Maloumb, Zekinkior, Ghimberinghe.

Cette espèce s'étend du Cap au Gabon, et paraît répartie dans toute la région Sénégambienne.

301. CATAPHERODON FASCIATUM Rochbr.

Catapherodon fasciatum Rochbr., Mss., 1883.
Alopecion fasciatum Gunth., Cat. Snakes, p. 196.

Okandia. — Assez rare. — Bakel, Saldé, Safal, Gadieba, N'Diago, Yen, Douzar.

Un spécimen de cette espèce, provenant de Saldé, nous a été donné par le Capitaine Daboville.

302. CATAPHERODON GEOMETRICUM Rochbr.

Catapherodon geometricum Rochbr., Mss., 1883.
Boodon geometricus Gunth., Cat. Snakes, p. 198.
Eugnathus geometricus Dum. et Bib., Erp. Gen., VII, p. 406.

Okandia. — Assez rare. — Thionk, Diouk, Dakar-Bango, Kaarta, Zekinkior, Sedhiou, Albréda.

303. CATAPHERODON QUADRILINEATUM Rochbr.

Catapherodon quadrilineatum Rochr., Mss., 1883.
Boædon quadrilineatum Dum. et Bib., Erp. Gén., VII, p. 363.
Boodon quadrilineatus Peters, Reise Nach. Mosambique, p. 133.

Okandia. — Peu commun. — Mêmes localités que l'espèce précédente.

M. Peters (*loc. cit.*) fait remarquer que cette espèce a été confondue par les auteurs avec le *Boædon geometricum* dont, pour lui, la patrie est encore douteuse; ne pouvant affirmer s'il est du continent Africain ou de Madagascar; l'observation directe nous a démontré que l'une et l'autre espèce sont Sénégambiennes; leur aire d'habitat paraît être assez étendue; car, indépendamment de notre région, ils ont été rencontrés au Cap, en Mosambique et à Angola.

304. CATAPHERODON LEMNISCATUM Rochbr.

Catapherodon lemniscatum Rochbr., Mss., 1883.
Boædon lemniscatum Dum. et Bib., Erp. Gén., VII, p. 365.

Okandia. — Rare. — N'Baroul, Safal, Maka, Babaghaye, Khorkhol, Matam, Falèmé, Kita, Banionkadougou.

Espèce Abyssinienne et de la haute Sénégambie.

Gen. HOLUROPHOLIS A. Dum.

305. HOLUROPHOLIS OLIVACEUS A. Dum.

Holuropholis olivaceus A. Dum., Rev. Zool., 1856, p. 465.
     —   A. Dum., Arch. Mus., t. X, p. 195, pl. XVI, fig. 1, *a, b, c.*

Okandia. — Assez rare. — Mélacorée, Gambie, Casamence, Zekinkior, Sedhiou.

Les spécimens de la basse Sénégambie ne diffèrent aucunement du type du Gabon.

Gen. HORMONOTUS Hallow.

306. HORMONOTUS AUDAX Hallow.

Hormonotus audax Hallow., Proced. Ac. N. S. Philad. 1857, p. 56.

Okandia. — Rare. — Mêmes localités que l'espèce précédente.

Gen. **BOTHROPHTHALMUS** Schleg.

307. BOTHROPHTHALMUS LINEATUS Schleg.

Bothrophthalmus lineatus Schleg., Nomencl., p. 27.
— A. Dum., Arch. Mus., t. X, p. 196.

Okandia. — Rare. — Mélacôrée, Monsor, Kaour, Dianoch, Gourba, Maloumb.

308. BOTHROPHTHALMUS BRUNNEUS Gunth.

Bothrophthalmus brunneus Gunth., Ann. and Mag. Nat. Hist., 1863, p. 356, pl. VI, fig. *e.*

Okandia. — Rare. — Gambie, Casamence, Kaour, Dianoch, Samatite, Cagnac-Cay.

Le type de M. Gunther provenait de Fernando-Po ; un spécimen de Kaour nous a été communiqué par M. le Dr Ludovic Savatier.

Gen. **BOTHROLYCUS** Gunth.

309. BOTHROLYCUS ATER Gunth.

Bothrolycus ater Gunth., P. Z. S. of London, 1874, p. 444, pl. LVIII, fig. *b.*

Okandia. — Très rare. — Mélacorée, Gambie.

Cette espèce rare et remarquable a été découverte en Sénégambie par le Dr Cédont.

AULACODONTI Rochbr.

Fam. ELAPSIDÆ Gunth.

Gen. POECILOPHIS Gunth.

310. POECILOPHIS HYGIÆ Gunth.

Poecilophis hygiæ Gunth., P. Z. S. of London, 1859, p. 10.
Elaps hygiæ Merr., Beitr., I, t. VI.
      —   Dum. et Bib., Erp. Gén., VII, p. 1213.
Coluber lacteus Lin., Mus. Ad. Fried., I, tab. XVIII, fig. 1.

Khonkendja. — Assez rare. — Mélacorée, Gambie, Casamence, Zekinkior, Sedhiou, Ile aux Éléphants.

311. POECILOPHIS DORSALIS Gunth.

Poecilophis dorsalis Gunth., P. Z. S. of London, 1859, p. 10.
Elaps dorsalis Smith., Ill. Zool. S. Afr. App., p. 21.

Khonkendja. — Assez rare. — Habite les mêmes localités que l'espèce précédente.

Ces deux espèces, du Cap et de tout le Sud de l'Afrique, ne dépassent pas la basse Sénégambie.

Gen. ELAPSOIDEA B. du Boc.

312. ELAPSOIDEA GUNTHERI B. du Boc.

Elapsoidea Guntheri B. du Boc., J. Sc. Lisb., 1866, p. 70.

Khonkendja. — Rare. — Dianoch, Kaour, Malòumb, Gilfré, Ghimberinghe, Wagran, Kaarta, Sebicoutane.

Le type de ce genre nouveau, décrit par M. Barboza du Bocage, a été recueilli à Cabinda, ainsi qu'à Bissau; découvert dans la basse Sénégambie par le Dr Cédont, il a été observé également en remontant vers l'Ouest; nous en possédons un spécimen provenant des plaines du Kaarta, où M. le Dr Ludovic Savatier l'a capturé.

Fam. **ATRACTASPIDIDÆ** Gunth.

Gen. **ATRACTASPIS** Smith.

313. ATRACTASPIS BIBRONI Smith.

Atractaspis Bibroni Smith., Ill. Zool. S. Afr., pl. LXXI.
— *inornatus* Smith., Ill. Zool. S. Afr., *descript.*

Dhiasa. — Peu commun. — Itou, Gilfré, Cagnout, Maloumb, Douzar, Gadieba.

L'aire d'habitat de cette espèce s'étend du Cap à Sierra-Leone et au Sud et à l'Ouest de la Sénégambie.

314. ATRACTASPIS ATERRIMUS Gunth.

Atractaspis aterrimus Gunth., Ann. and Mag. Nat. Hist., 1863, p. 363.

Dhiasa. — Peu commun. — Mêmes localités que l'espèce précédente.

L'*Atractaspis aterrimus*, dit M. Gunther (*loc. cit.*), est semblable à l'*Atractaspis Bibroni* « very similar », mais s'en distingue par sa coloration.

Nous appuyant sur la disposition et le nombre des rangées d'écailles, etc., nous distinguons les deux formes, mais nous citons l'observation de M. Gunther comme un nouvel exemple de la facilité et du sans gêne avec lesquels le Naturaliste Anglais et

beaucoup de ses imitateurs fabriquent certaines espèces; la coloration *seule* devient un *caractère fondamental,* quand pour eux
le besoin de publier un nom nouveau se fait sentir; mais quand
le nom a été imposé avant eux, cette coloration n'a plus aucune
valeur, fût-elle même associée à d'autres caractères.

315. **ATRACTASPIS CORPULENTUS** Hallow.

Atractaspis corpulentus Hallow., Proced. Ac. N. S. Philad., 1857,
p. 70.
—   Gunth., Cat. Snakes, p. 239.

Dhiasa. — Peu commun. — Mélacorée, Gambie, Zekinkior, Itou,
Gilfré.

Le type a été découvert au Gabon.

316. **ATRACTASPIS IRREGULARIS** Gunth.

Atractaspis irregularis Gunth., Cat. Snakes, p. 239.
Elaps irregularis Reinh., Besk. Slang. Kopenh., 1843, p. 41.

Dhiasa. — Rare. — Mélacorée, Gambie, Casamence, Samatite,
Cagnac-Cay.

Le nombre des rangées d'écailles sur le tronc, celui des gastros-
tèges et des urostèges, une *coloration particulière,* nous font
accepter cette espèce comme distincte de l'*Atractaspis Bibroni,*
que M. Gunther (*loc. cit.*) inscrit en synonymie.

317. **ATRACTASPIS MICROLEPIDOTUS** Gunth.

Atractaspis microlepidotus Gunth., Ann. and Mag. Nat. Hist., 1866,
p. 29, pl. VII, f. 7 *(Tête)*.

Dhiasa. — Rare. — Mélacorée, Gambie, Dianoch, Maka, Sebicoutane, Deny-Dack.

Fam. **DENDRASPIDIDÆ** A. Dum.

Gen. **DENDRASPIS** Schleg.

318. DENDRASPIS ANGUSTICEPS A. Dum.

Dendraspis angusticeps A. Dum., Rev. et Mag. Zool., 1856, p. 558.
      —   A. Dum., Arch. Mus., t. X, p. 216, pl. XVI.
Naja angusticeps Smith., Ill. Zool. S. Afr., pl. LXX.
      —   Dum. et Bib., Erp. Gen., VII, p. 1301.

N'Doksouj. — Assez commun. — Thionk, Leybar, Diouk, Diaou-doun, Gadieba, Kaour, Gourba, Maloumb, Samatite.

L'aire de dispersion de ce *Dendraspis* comprend le Cap, la baie de Lagoa, le Gabon, la côte de Mosambique et toute la Séné-gambie.

319. DENDRASPIS JAMESONII Schleg.

Dendraspis Jamesonii Schleg., Vers. Zool. Amst., 1848.
Elaps Jamesonii Schleg., Phys. Serp., p. 179, pl. II, fig. 19.

N'Doksouj. — Peu commun. — Mêmes localités que l'espèce précé-dente.

Jusqu'ici cette espèce paraît spéciale à l'Afrique Ouest.

320. DENDRASPIS WELWITSCHII Gunth.

Dendraspis Welwitschii Gunth., Ann. and Mag. Nat. Hist., 1865, p. 97, pl. III, fig. a.

N'Doksouj. — Peu commun. — Mélacorée, Gambie, Casamence, Maloumb, Samatite, Zekinkior.

321. DENDRASPIS POLYLEPIS Gunth.

Dendraspis polylepis Gunth., Ann. and Mag. Nat. Hist., 1865, p. 98, pl. III, fig. *d.*

N'Doksouj. — Assez commun. — Kita, Bakel, Guettala, Makana, Banionkadougou.

322. DENDRASPIS INTERMEDIUS Gunth.

Dendraspis intermedius Gunth., Ann. and Mag. Nat. Hist., 1865, p. 98, pl. III, fig. *c.*

N'Doksouj. — Rare. — Mémes localités que l'espèce précédente.

Ces deux dernières espèces, signalées au Zambèze, se rencontrent dans la haute Sénégambie, où elles ont été recueillies par M. le Dr Ludovic Savatier.

Gen. CAUSUS Wagl.

323. CAUSUS RHOMBEATUS Wagl

Causus rhombeatus Wagl., Nat. Syst. Amph., p. 172.
      —   Dum. et Bib., Erp. Gen., VII, p. 1263.
Sepedon rhombeatus Licht., Berl. Dubl. Verz., 1823, sp. 106.
      —   Smith, Ill. Zool. S. Afr. App., p. 21.

Atoubam. — Peu commun. — Maka, Dianoch, Zekinkior, Matam, Khorkhol, Leybar, Thionk, Diouk, Kaarta, Rufisque.

Nous avons observé cette espèce dans toute la Sénégambie.

324. CAUSUS LICHTENSTEINI Jan.

Causus Lichtensteini Jan, Elenc. Syst. di Ofidi, p. 119.
   —   Böttger, Abhand. Senck. Nat. Ges. Frankf., 1881,
      p. 399.

Atoubam. — Peu commun. — Habite avec l'espèce précédente.

M. Böttger, qui *(loc. cit.)* indique le *Causus rhombeatus* à Rufisque, n'accepte pas le *Causus Lichtensteini* comme espèce, mais comme variété ou race locale du premier; le fait, fût-il exact, ce que nous nions, ce serait une raison de plus pour lui conserver le nom proposé par Jan *(loc. cit.)*.

Gen. SEPEDON Merr.

325. SEPEDON HÆMACHATES Merr.

Sepedon hæmachates Merr., Syst. Amph. Tent., p. 146.
   —   Dum. et Bib., Erp. Gén., VII, p. 1259.
Naja hæmachates Smith, Ill. Zool. S. Afr., pl. XXXIV.
Vipère hæmachate Lacép., Quad. Ovip. Serp., t. II, p. 115, pl. II, fig. 3.

Deuba. — Peu commun. — Gambie, Mélacorée, Maka, Diouk, Leybar, Thionk, Hann, Ponte, Dakar-Bango.

Comme les deux précédentes espèces, le *Sepedon hæmachates* habite toute la Sénégambie.

Fam. NAJIDÆ C. Bp.

Gen. CYRTOPHIS Sund.

326. CYRTOPHIS SCUTATUS Smith.

Cyrtophis scutatus Smith, Ill. Zool. S. Afr. App., p. 22.
Naja fulafula Bianc., Spec. Zool. Mosamb., p. 41, taj. IV, fig. 1.
Aspidelaps scutatus Jan, Elenc. Syst. di Ofidi, p. 118.

Deuba. — Rare. — M'Boul, Khorkhol, Matam, Dianoch, Kaour.

Du Nord-Est et du Sud de la Sénégambie, cette espèce se rencontre au Cap et en Mosambique.

Gen. **NAJA** Laur.

327. NAJA HAJE Smith.

Naja haje Smith, Ill. Zool. S. Afr., pl. XVIII.
Coluber haje Lin., Mus. Ad. Fried., II, p. 46.
Uræus haje Wagl., Nat. Syst. Amph., p. 173.

Deuba. — Peu commun. — Podor, Guellé, Matam, Guettala, Macandianbougou.

Pour nous, le type Sénégambien du *Naja haje* est plus particulièrement localisé dans la région Nord-Est; ce type est parfaitement figuré sur la planche XVIII de Smith (*loc. cit.*) où il est désigné sous le nom de *variété A*. Sa teinte générale est d'un jaune ocracé, brunâtre sur le dos, avec de petites taches irrégulières noires, disséminées sur toutes les régions supérieures; assez rare en Sénégambie, cette espèce serait la plus commune au Cap.

328. NAJA INTERMIXTA Dum. ei Bib.

Naja intermixta Dum. et Bib., Erp. Gén., VII, p. 1299.
    — *haje* var. B. Smith, Ill. Zool. S. Afr., pl. XIX.

Deuba. — Assez commun. — Saldé, Dagana, M'Bilor, Khasa, Gahé, Nehoulé.

Dumeril et Bibron ont, avec raison, nommé la prétendue *varieté* B, de Smith, bien distincte de tous les autres *Naja* Africains et remarquable par sa teinte générale d'un brun rouge brillant et par les flammures et les taches rouges et jaunes dont toutes les régions supérieures sont abondamment mouchetées; les parties inférieures sont d'un bleu de plomb maculées de taches quadrangulaires d'un jaune pâle.

329. NAJA MELANOLEUCA Hallow.

Naja melanoleuca Hallow., Proced. Ac. N. S. Philad., 1857, p. 61.
— *haje* var. C. Smith, Ill. Zool. S. Afr., pl. 20.

Iwomba. — Commun. — Thionk, Diouk, Leybar, Dakar-Bango, Sorres, Gandiole, Oualo, Cayor, Kaarta, Ponte, Han.

Nous adoptons la manière de voir de M. Hallowell, quand il propose de nommer la *variété* C, de Smith. Cette forme, que l'on retrouve au Cap et au Gabon, est la plus commune en Sénégambie où elle est connue et redoutée des Européens sous le nom de Serpent noir.

330. NAJA ANCHIETÆ B. du Boc.

Naja Anchietæ B. du Boc., J. Sç. Lisb., 1879, p. 98.
— *haje* Var. *viridis* Peters, Monat. Ak. d. Wissens, Berlin, 1873,
p. 411.

Deuba. — Assez rare. — Mélacorée, Gambie, Casamence, Gourba, Kaour, Dianoch.

Cette espèce, bien distincte par l'écaillure de la tête et sa coloration, a été, avec raison, distinguée du *Naja haje* par M. Barboza du Bocage. Elle a été observée à Angola; Peters l'indique également en Égypte.

331. NAJA NIGRICOLLIS Reinh.

Naja nigricollis Reinh., Besk. Nogl. Slang., p. 37.
— B. du Boc., J. Sc. Lisb., 1866, p. 71.

Deuba. — Rare. — Gambie, Casamence, Zekinkior, Albréda, Ile aux Chiens, Dianoch.

Toutes les espèces de *Naja* sont également redoutées des Nègres; ils affirment que leur salive est un poison, qu'ils peuvent la lancer à plusieurs mètres de distance, et que, lorsque cette salive vient à atteindre les yeux, la perte de la vue en est la conséquence. Ce préjugé est en vigueur chez tous les Nègres de l'Afrique, car les mêmes faits sont identiquement racontés par tous les observateurs.

Smith (*loc. cit.*) rapporte que les *Naja* grimpent sur les arbres et qu'ils vont souvent à l'eau; nous n'avons rien vu de semblable en Sénégambie où ces Serpents se tiennent dans les lieux herbeux mais arides, éloignés des cours d'eau et des marigots.

SOLENODONTI Rochbr.

Fam. VIPERIDÆ C. Bp.

Gen. VIPERA Laur.

332. VIPERA SUPERCILIARIS Peters.

Vipera superciliaris Peters, Monat. Ak. d. Wissens, Berlin, 1854, p. 625.
— Peters, Reise Nach. Mosambique, p. 144, taf. XXI.
— Strauch., Mem. Ac. Sc. Saint-Petersb., 1870, t. XIV, p. 84.

Unguian. — Assez rare. — Kouguel, Arondou, Makana, Gangaran, Banionkadougou, Kouma, Kaibel, Bokol, Torbeck.

Nous ne pouvons avoir aucun doute sur l'authenticité de la présence de cette espèce de Mosambique, en Sénégambie; un splendide exemplaire rapporté du haut fleuve par M. le Dr Ludovic Savatier ne diffère, sous aucun rapport, du type décrit par Peters (*loc. cit.*).

Gen. **ECHIDNA** Merr.

333. ECHIDNA MAURITANICA Guich.

Echidna Mauritanica Guich., Exp. Sc. Algérie Rept., p. 24, pl. III.
      —   Dum. et Bib., Erp. Gen., VII, p. 1431.
Vipera Mauritanica Strauch., Mem. Ac. Sc. Saint-Petersb., 1870,
           t. XIV, p. 79.

Unguian. — Peu commun. — Farani, Elimane, Argain, Agnitier,
Cap Mirik, Kaiédé.

D'Égypte et d'Algérie, cette espèce s'arrête à la limite Saharienne de la Sénégambie.

334. ECHIDNA AVICENNÆ Alpin.

Echidna Avicennæ Alpin., H. Ægyp., § I, p. 210, tab. VII.
      —   *atricauda* Dum. et Bib., Erp. Gén., VII, p. 1430.
Vipera Avizennæ Strauch., Mem. Ac. Sc. Saint-Petersb., 1870, t. XIV,
           p. 113.

Unguian. — Assez commun. — Cap Mirik, les Maringouins, Pointe
de Barbarie, Argain, Cap Blanc.

Comme l'espèce précédente, cette *Echidna* ne franchit pas la
région désertique.

335. ECHIDNA INORNATA Smith.

Echidna inornata Smith, Ill. Zool. S. Afr., pl. IV.
      —   Dum. et Bib., Erp. Gén., VII, p. 1437.
Vipera inornata Strauch., Mem. Ac. Sc. Saint-Petersb. 1870, t. XIV,
           p. 97.

Unguianka. — Assez rare. — Mélacorée, Casamence, Gambie,
Zekinkior, Cagnac-Cay, Ile aux Chiens.

336. ECHIDNA ATROPOS Merr.

Echidna atropos Merr., Tent. Syst. Amph., p. 152.
      —   Dum. et Bib., Erp. Gén., VII, p. 1432.
Coluber atropos Gm., Syst. Nat., n° 1086.
Vipera atropos Schleg., Phys. Serp., p. 581, pl. XXI, f. 67.
      —   Strauch., Mem. Ac. Sc. Saint-Petersb., 1870, t. XIV,
                p. 98.

Unguianka. — Mêmes localités que la précédente.

Ces deux espèces, du Sud de l'Afrique et plus spécialement du Cap, ne paraissent pas dépasser les régions de la basse Sénégambie.

Gen. CERASTES Wagl.

337. CERASTES CAUDALIS Dum. et Bib.

Cerastes caudalis Dum. et Bib., Erp. Gén., VII, p. 1446.
Vipera caudalis Smith, Ill. Zool. S. Afr., pl. VII.
      —   Strauch., Mem. Ac. Sc. Saint-Petersb., 1870, t. XIV,
                p. 106.

Unguian. — Peu commun. — Maloumb, Monsor, Wagran, Bokol, Sebicoutane, Kaarta, Gadieba.

338. CERASTES ÆGYPTIACUS Dum. et Bib.

Cerastes Ægyptiacus Dum. et Bib., Erp. Gén., VII, p. 1440.
Vipera cerastes Schleg., Ess., II, p. 585.
      —   Strauch., Mem. Ac. Sc. Saint-Petersb., 1870, t. XIV,
                p. 108.

Unguian. — Assez commun. — Kita, Makana, Gangaran, Oualo, Cayor, Kaarta, Joalles, Rufisque, Dakar.

Les Nègres de la Sénégambie redoutent, avec raison, cette espèce, cachée entièrement sous le sable, et pouvant atteindre facilement de ses morsures les pieds nus de ceux qui la foulent inconsciemment; nous avons eu à soigner dans le village de Sorres deux cas de morsures graves, chez des enfants Nègres.

Gen. **ECHIS** Merr.

339. **ECHIS ARENICOLA** Strauch.

Echis arenicola Strauch., Mem. Ac. Sc. St-Petersb., 1870, t. XIV, p. 117.
— *frænata* Dum. et Bib., Erp. Gén., VII, p. 1449.

Unguian. — Assez commun. — Mêmes localités que l'espèce précédente.

Gen. **CLOTHO** Gray.

340. **CLOTHO NASICORNIS** Gray.

Clotho nasicornis Gray, Cat. Snakes Brit. Mus., p. 25.
Coluber nasicornis Shaw., Nat. Miscel., t. III, pl. XCIV.
Vipera nasicornis Strauch., Mem. Ac. Sc. St-Petersb., 1870, t. XIV, p. 88.

Niangor. — Peu commun. — Mélacorée, Gambie, Casamence; remonte dans l'Ouest : Samone, Kounakeri, Kaarta.

L'aire d'habitat de cette espèce ne paraît pas dépasser la côte Ouest, elle existe en Guinée, au Gabon et aux Cameroon.

Gen. **ATHERIS** Cope.

341. **ATHERIS SQUAMIGERA** Cope.

Atheris squamigera Cope, Proced. Ac. Sc. Philad., 1862, p. 337.
— Strauch., Mem. Ac. Sc. Saint-Petersb., 1870, t. XIV, p. 124.
Echis squamigera Hallow., Proced. Ac. Sc. Philad., t. VII, p. 193.

Niangor. — Rare. — Gambie, Casamence, Mélacorée, Zekinkior, Albréda, Dianoch.

Un exemplaire de cette espèce du Gabon et de la basse Sénégambie a été exceptionnellement recueilli par le Dr Cédont dans le Kaarta.

342. ATHERIS BURTONI Gunth.

Atheris Burtoni Gunth., Ann. and Mag. Nat. Hist., 3e sér., t. XI, p· 25.
   —   Strauch., Mem. Ac. Sc. Saint-Petersb., 1870, t. XIV,
        p. 125.

Niangor. — Très rare. — Mélacorée, Dianoch, Kaour, Maka, Maloumb, Cagnac-Cay.

343. ATHERIS CHLOROECHIS Peters.

Atheris chloroechis Peters, Monat. Ak. d. Wissens, Berlin, 1864,
        p. 645.
   —   Strauch., Mem. Ac. Sc. Saint-Petersb., 1870,
        t. XIV, p. 126.

Niangor. — Rare. — Mêmes localités que l'espèce précédente.

Gen. **BITIS** Gray.

344. BITIS ARIETANS Gray.

Bitis arietans Gray, Zool. Miscel., 1842, p. 69.
Echidna arietans Merr., Tent. Syst. Amph., p. 152.
   —   Dum. et Bib., Erp. Gén., VII, p. 1425, pl. LXXIX,
        f. 1.
Vipera arietans Strauch., Mem. Ac. Sc. St-Petersb., 1870, t. XIV, p. 93·

Dangnar. — Commun. — Thionk, Leybar, Diouk, Khasa, Babaghaye, Dagana, Kaibel, Kaarta, Cayor, Oualo, Bakel, Talaari, Gambie, Casamence.

Cette espèce est répandue sur tout le continent Africain.

Adanson (*Voy. au Sénég.*, p. 126), rapporte au sujet du *Bitis arietans*, une aventure qui lui serait survenue au village de Sorres, le 22 avril 1751. Le cachet de vérité dont les récits du Voyageur Français sont généralement empreints fait supposer qu'à l'époque éloignée où il visitait la Sénégambie, le fait qu'il rapporte s'est produit, aujourd'hui on n'y voit rien de semblable. Aussi, afin d'établir un contraste, nous copions *in extenso* le passage d'Adanson :

« J'étais assis, dit-il, sur une natte, au milieu d'une cour, avec le Gouverneur de Sorres et toute sa famille ; une Vipère de l'espèce malfaisante, après avoir fait le tour de la compagnie, s'approcha de moi ; cette familiarité ne me plaisait guère et, pour éviter les accidents, je m'avisai de la tuer d'un coup de baguette que je tenais à la main. Toute la compagnie se leva aussitôt en jetant les hauts cris comme si j'eus fait un meurtre, chacun s'éloigna de moi et prit la fuite, l'endroit fut bientôt désert ; je profitai de cet instant où j'étais seul pour mettre la Vipère dans mon mouchoir et la cacher dans la poche de ma veste, c'était un moyen de m'assurer cet animal et en même temps de calmer tous les esprits en le leur ôtant de la vue. Je n'étais pas trop en sûreté dans ce lieu et l'on m'y aurait fait un mauvais parti ; mais le maître du village, homme de bon sens chez qui tout cela s'était passé, réfléchit qu'il était de son honneur et de son intérêt de faire cesser le tumulte et d'étouffer le bruit. Voilà un trait qui fait voir combien les Nègres sont zélés observateurs de leur religion et des superstitions qui y sont attachées, ils ne regardent pas les Serpents comme leurs fétiches ou leurs divinités, ils les respectent cependant assez pour ne pas les tuer ; ils les laissent croître et multiplier dans leurs cases, quoique souvent ces animaux mangent leurs poulets et osent, pour ainsi dire, coucher avec eux. »

A l'heure actuelle, dans aucune case habitée on ne rencontre de Serpents et les Nègres tuent les Vipères sans crainte et sans remords ; ils savent aussi les prendre vivantes pour les vendre aux Européens ; de cette façon nous en avons possédé plusieurs couples en captivité.

345. BITIS RHINOCEROS Gray.

(Pl. XX, fig. 1.)

Bitis Rhinoceros Gray, Zool. Miscel., 1842, p. 70.
Echidna Rhinoceros A. Dum., Arch. Mus., t. X, p. 220.
   —   *Gabonica* Dum. et Bib., Erp. Gén., VII, p. 1428.
Vipera Rhinoceros Strauch., Mem. Ac. Sc. Saint-Petersb., 1870, t. XIV,
    p. 91.

Dangnar. — Assez commun. — Toute la Sénégambie.

Ce magnifique Ophidien est le plus redoutable de tous ceux de
la Sénégambie; il atteint des dimensions relativement considérables, un spécimen, dont nous avons failli être victime et que
nous avons tué à Dakar-Bango, mesurait un mètre soixante centimètres de long sur dix-huit centimètres de circonférence.

Le révérend Dr T. S. Savage a publié (*Proced. Ac. S. Philad.*
1848, p. 37) des particularités relatives aux mœurs de cette
espèce que nous ne pouvons nous dispenser de citer.

« Cet animal, dit-il, lent et indolent dans ses mouvements,
évite l'homme, à moins qu'il ne soit provoqué ou arrêté dans sa
marche; il habite indifféremment les terrains bas ou élevés et se
nourrit de Rats, de petits Reptiles et de Poissons d'eau douce qui
habitent les marais; il décèle sa présence par un bruit particulier
semblable à un sourd grognement auquel succède une sorte de
sifflement; le premier bruit, bien connu, avertit de prendre garde,
le second indique qu'il va mordre; quand il se prépare à l'attaque
il aplatit la tête, le corps se rétracte sur lui-même, et la gueule
énormément distendue, les crochets projetés en avant, les yeux
enflammés, il darde son ennemi; il ne s'élance point sur sa proie,
mais frappe, la dernière partie du corps et la queue fixées au sol. »

Lorsque le révérend Dr T. S. Savage écrivait le passage que
nous venons de traduire, quoique ses observations aient été faites
dans une colonie Anglaise où les animaux, parait-il, se comportent
d'une façon toute spéciale (nous en avons cité quelques exem-

ples (1), il est à supposer que l'insuccès de sa propagande religieuse auprès de quelque naturel de Liberia, influait sur son esprit, autrement il n'eût pas avancé des faits d'une inexactitude aussi flagrante.

Il est faux, en effet, que l'espèce qui nous occupe se nourrisse de Poissons. Les grognements décélateurs de sa présence sont une pure rêverie.

Sa gueule béante, enfin, pendant l'attaque, est non moins fantaisiste et dénote une ignorance complète de la façon dont les Serpents venimeux cherchent à s'emparer de leur proie.

Le *Bitis Rhinoceros* est un animal nocturne, il se tient dans les localités les plus arides, caché pendant le jour sous les touffes d'herbes desséchées, c'est seulement à la nuit qu'il se met en chasse; aucun indice ne décèle sa présence à telle ou telle place, et le hasard seul le fait rencontrer.

Un jour, en soulevant à Dakar-Bango, un amas de petites branches desséchées, nous ne fûmes pas peu surpris de mettre à découvert un énorme individu de cette espèce enroulé sur lui-même; excité à l'aide d'une longue branche flexible dont nous nous étions muni, il se mit en mesure de fuir après avoir tenté de nous atteindre d'un rapide coup de tête; plusieurs coups de la branche vigoureusement assénés sur la région dorsale eurent pour résultat de précipiter sa marche sans qu'il manifestât l'intention de renouveler son attaque; après une poursuite assez longue sans parvenir à l'arrêter par ce moyen craignant de le voir nous échapper, nous le tuâmes d'un coup de feu.

Nous avons possédé en captivité plusieurs spécimens de *Bitis Rhinoceros;* le jour ils restaient enroulés dans un coin de leur cage, refusant toute nourriture consistant en Oiseaux de petite taille, le soir, dès qu'ils apercevaient la proie que nous avions placée avec eux dans la journée, ils détendaient rapidement la partie antérieure du corps, frappaient l'Oiseau d'un seul coup, ouvrant la gueule juste au moment de l'atteindre, et se mettaient en mesure de l'avaler seulement après sa mort, c'est-à-dire au bout de quelques secondes à peine.

Aussitôt atteint, l'Oiseau pousse un cri et tombe sur le côté pour ne plus se relever.

----

(1) Voir OISEAUX : *Scopus umbrella*, p. 300 et seq.

Nous avons fait représenter, sur la planche ci-jointe, notre bel exemplaire de Dakar-Bango. Aucune des figures du *Bitis Rhinoceros* que nous avons examinées, ne montre les écailles relevées à l'extrémité du museau, particularité ayant valu à l'animal le nom caractéristique de *Rhinoceros*.

Nous croyons être le premier à tenir compte, graphiquement du moins, de ces appendices remarquables, dont beaucoup de sujets sont habituellement dépourvus.

NOTES ADDITIONNELLES.

Au moment où nous donnons le bon à tirer de cette feuille, on nous communique un travail de M. G. A. Boulenger intitulé : *Synopsis of the Families of existing Lacertilia*, extrait des *Annales and Magazine of Natural History for August* 1884.

Ce travail que nous nous réservons d'examiner dans nos suppléments, et où l'on trouve des mélanges et des réunions de types, selon nous 'des plus hétérogènes, n'infirme en rien la classification que nous avons proposée dans les pages précédentes.

Voir page 69.

PLATYDACTYLUS GIGAS L. Vaill.

(Pl. VIII, fig. 1 et 2.)

Platydactylus gigas L. Vaill., in Coll. Mus. Paris.
Ascalabotes gigas B. du Boc., J. Sc. Lisb., 1875, n° 18.
    —   Rochbr., *loc. cit.*, p. 69, n° 61.

C'est avec raison que M. le Professeur L. Vaillant a fait étiqueter cette forme sous le nom de *Platydactylus gigas;* le nom générique *Ascalabotes*, sous lequel, à l'exemple de M. Barboza du Bocage, nous l'avons désignée, doit être rejeté comme n'étant plus accepté aujourd'hui.

Le type devra donc être inscrit à la page 70, à la suite du *Platydactylus Delalandii.*

Nous avons fait figurer, sous un fort grossissement, un œil du *Platydactylus gigas,* afin de montrer la disposition toute particulière de la pupille.

« L'iris des *Platydactylus,* disent Dumeril et Bibron (*Erp. Gén.,* t. VI, p. 269), présente une pupille dont l'ouverture est quelquefois arrondie, mais le plus souvent elle offre *une fente linéaire et dont les bords sont frangés,* de manière que l'animal peut diminuer à volonté l'ouverture par laquelle la lumière et les images qu'elle produit parviennent sur la rétine. »

La pupille franchement *cateniforme* du *Platydactylus gigas* et *nullement frangée,* nous semble digne d'attirer l'attention.

LISTE MÉTHODIQUE

DES

REPTILES DE LA SÉNÉGAMBIE.

CHELONII Opp.

Testudinidæi C. Bp.

Chersinidæ Merr.

I. Testudo Lin.

1. — T. pardalis Lin.
2. — T. geometrica Lin.
3. — T. Verreauxi Smith.
4. — T. sulcata Mill.
5. — T. marginata Schœp.

II. Homopus Dum. et Bib.

6. — H. signatus Dum. et Bib.
7. — H. areolatus Dum. et Bib.

III. Kinixys Bell.

8. — K. Belliana Gray.
9. — K. erosa Gray.
10. — K. homeana Bell.

Emydidæ Gray.

IV. Clemmys Wagl.

11. — C. laticeps Strauch.

Chelydidæ Gray.

V. Sternothærus Bell.

12. — S. niger Dum. et Bib.
13. — S. nigricans Donndorff.
14. — S. castaneus Gray.
15. — S. sinuatus Smith.
16. — S. Derbianus Gray.
17. — S. Adansoni A. Dum.

VI. Pelomedusa Wagl.

18. — P. gehaflæ Gray.
19. — P. galeata Wagl.
20. — P. Gabonensis Strauch.
21. — P. Gasconi Rochbr.

Trionicydæi C. Bp.

Chitradæ Gray.

VII. Heptathyra Cope.

22. — H. Aubryi Cope.
23. — H. frenata Cope.

Trionicydæ C. Bp.

VIII. Gymnopus Dum. et Bib

24. — G. Ægyptiacus Dum. et Bib.
25. — G. aspilus Rochbr.

IX. Tetrathyra Gray.

26. — T. Baikii Gray.
27. — T. Vaillantii Rochbr.

X. Cyclanosteus Gray.

28. — C. Senegalensis Gray.

Chelonidæi C. Bp.

Chelonidæ Gray.

XI. Caouana Gray.

29. — C. caretta Gray.
30. — C. olivacea Gray.
31. — C. imbricata Gray.

XII. Mydas Agass

32. — M. viridis Gray.

Sphargididæ Gray.

XIII. Sphargis Merr

33. — S. coriacca Gray.

HYDROSAURII Kaup.

Crocodilini Peters.

Crocodilidæ C. Bp.

XIV. Osteolæmus Cope.

34. — O. tetraspis Cope.

XV. Crocodilus Cuv.

35. — C. vulgaris Cuv.

XVI. Temsacus Gray.

36. — T. intermedius Gray.

XVII. Mecistops Gray.

37. — M. Cataphractus Gray.

MOSASAURI Rochbr.

Monitoridæi Rochbr.

Varanidæ C. Bp.

XVIII. Psammosaurus Fitz.

38. — P. griscus Fitz.

XIX. Monitor Cuv.

39. — M. Niloticus Gray.
40. — M. albogularis Gray.
41. — M. Ocellatus Gray.

XX. Hydrosaurus Gray.

42. — H. mustelinus Borre.

CHELOPODI Dum. et Bib.

Rhiptoglossi Wiegm.

Chamæleonidæ Gray.

XXI. Chamæleon Laur.

43. — C. calyptratus A. Dum.
44. — C. cinereus Aldr.
45. — C. Senegalensis Gray.
46. — C. gracilis Hallow.
47. — C. affinis Gray.
48. — C. granulosus Hallow.
49. — C. dilepsis Leach.

XXII. Phumanola Gray.

50. — P. Namaquensis Gray.

XXIII. Lophosaura Gray.

51. — L. pumila Gray.

XXIV. Brookesia Gray.

52. — B. superciliaris Gray.

XXV. Triceras Gray.

53. — T. Owenii Gray.

XXVI. Cyneosaura Gray.

54. — C. pardalis Gray.

LACERTILII Opp.

Pachyglossi Wiegm.

Platydactylidæ A. Dum. et Boc.

XXVII. Platydactylus Cuv.

55. — P. muralis Dum. et Bib.
56. — P. Ægyptiacus Cuv.
57. — P. Delalandii Dum. et Bib.

XXVIII. Pachydactylus Wiegm.

58. — P. Bibroni Smith.
59. — P. cepedianus Peters.

XXIX. Colopus Peters.

60. — C. Wahlbergii Peters

XXX. Ascalabotes Fitz.

61. — A. gigas B. du Boc.

Chilikiodactylidæ Rochbr.

XXXI. Dactychilikion Thomin.

62. — D. Braconieri Thomin.

Hemidactylidæ A. Dum. et Boc.

XXXII. Hemidactylus Cuv.

63. — H. verruculatus Cuv.
64. — H. Guincensis Peters.
65. — H. mabouia Cuv.
66. — H. platycephalus Peters.
67. — H. frenatus Schl.
68. — H. Capensis Smith.
69. — H. affinis Steind.
70. — H. Bouvieri Bocourt.

XXXIII. Leiurus Gray

71. — L. ornatus Gray.

Ptyodactylidæ A. Dum. et Bib.

XXXIV. Ptyodactylus Cuv.

72. — P. Hasselquistii Dum. et Bib.

XXXV. Rhoptropus Peters.

73. — R. afer Peters.

XXXVI. Uroplates Fitz.

74. — U. fimbriatus Gray.

Gymnodactylidæ A. Dum. et Bib.

XXXVII. Gymnodactylus Spix.

75. — G. scaber Dum. et Bib.
76. — G. Koschyi Steind.
77. — G. crucifer L. Vaill.

XXXVIII. Pristurus Rüpp.

78. — P. flavipunctatus Rüpp.

XXXIX. Phyllurus Cuv.

79. — P. Blavieri Rochbr.

Stenodactylidæ A. Dum. et Bib.

XL. Psylodactylus Gray.

80. — P. caudicinctus Gray.

XLI. Chondrodactylus Peters.

81. — C. angulifer Peters.

XLII. Stenodactylus Cuv.

82. — S. Mauritanicus Guich.
83. — S. guttatus Cuv.

Platyglossi Wagl.

Agamidæ Swains.

XLIII. Agama Daud.

84. — A. colonorum Daud.
85. — A. occipitalis Gray.
86. — A. Rupelli L. Vaill.
87. — A. agilis Oliv.
88. — A. Savignyi Dum. et Bib.
89. — A. ruderata Oliv.
90. — A. Savatieri Rochb.
91. — A. hispida Gravenh.
92. — A. annectens Blanf.
93. — A. Bocourti Rochbr.
94. — A. Sinaita Heyd.

XLIV. Stellio Daud.

95. — S. vulgaris Daud.
96. — S. cyanogaster Rüpp.
97. — S. nigricollis B. du Boc.

Uromasticidæ Theob.

XLV. Uromastix Merr.

98. — U. ornatus Rüpp.
99. — U. acanthinurus Bell.

Leptoglossi Wiegm.

Tachydromidæ Fitz.

XLVI. Tachydromus Daud.

100. — T. Fordii Hallow.

Lacertidæ C. Bp.

XLVII. Tropidosaurus Fitz.

101. — T. algira Fitz.

XLVIII. Ichnotropis Peters.

102. — I. macrolepidota Peters.
103. — I. Dumerilii B. du Boc.

XLIX. Lacerta Lin.

104. — L. Galloti Dum. et Bib.
105. — L. Samharica Blanf.
106. — L. Dugesi H. M. Edw.

L. Nucras Gray.

107. — N. Delalandii Gray.
108. — N. tessellata Gray.

LI. Thetia Gray.

109. — T. perspicillata Gray.

Eremidæ Fitz.

LII. Acanthodactylus Fitz.

110. — A. vulgaris Dum. et Bib.
111. — A. scutellatus Dum. et Bib.
112. — A. deserti Rochbr.
113. — A. Saviguyi Dum. et Bib.
114. — A. Boskianus Fitz.

LIII. Scapteira Fitz.

115. — S. Capensis Bouleng.
116. - S. grammica Fitz.

LIV. Eremias Fitz.

117. — E. rubropunctata Fitz.
118. — E. nitida Gunth.
119. — E. lugubris Dum et Bib.

LV. Mesalina Gray.

120. — M. pardalis Gray.

Diploglossi Cope.

Zonuridæ Gray.

LVI. Cordylus Merr.

121. — C. griseus Cuv.

LVII. Pseudocordylus Smith.

122. — P. microlepidotus Gray.

LVIII. Gerrhosaurus Wiegm.

123. — G. flavigularis Wiegm.
124. — G. nigrolineatus Hallow.
125. — G. typicus Dum. et Bib.
126. — G. Bibroni Smith.
127. — G. Dulignoni Rochbr.

Macroscincidæ Rochbr.

LIX. Macroscincus B. du Boc.

128. — M. Cocteaui B. du Boc.

Euprepisidæ Bocourt.

LX. Euprepes Wagl.

129. — E. quinquetæniatus Wagl.
130. — E. breviceps. Peters.
131. — E. septemtœniatus Reuss.
132. — E. Perrotteti Dum. et Bib.
133. — E. punctatissimus Smith.
134. — E. Olivieri Dum. et Bib.
135. — E. binotatus B. du Boc.
136. — E. Delalandii Dum. et Bib.
137. — E. Gravenhorstii Dum. et Bib.
138. — E. Isseli Peters.
139. — E. Fogoensis O'Shang.
140. — E. Hœpfferi B. du Boc.
141. — E. Fernandi Burt.
142. — E. Bibroni Dum. et Bib.
143. — E. Guineensis Peters.
144. — E. Blandingi Hallow.
145. — E. maculilabris Gray.
146. — E. Raddoni Gray.
147. — E. Harlani Hallow.

Scincidæ Gray.

LXI. Scincus Laur.

148. — S. officinalis Laur.

LXII. Pedorychus Peters.

149. — P. Hemprichii Peters

LXIII. Gongylus Wagl.

150. — G. ocellatus Wagl.
151. — G. viridanus Gravenh.

Sepsidæ Gray.

LXIV. Sphenops Wagl.

152. — S. capistratus Wagl.

LXV. Anisoterma A. Dum.

153. — D. sphenopsiforme A. Dum.

LXVI. Scelotes Fitz.

154. — S. bipes Gray.

LXVII. Sepsina B du Boc.

155. — S. Angolensis B. du Boc.

LXVIII. Dumerilia B. du Boc.

156. — A. Bayonii B. du Boc.

LXIX. Herpetosaura Peters.

157. — H. occidentalis Peters.

Lygosomidæ Bocourt.

LXX. Mocoa Gray.

158. — M. Africana Gray.
159. — M. Reichenovii Peters.

LXXI. Ablepharus Fitz.

160. — A. quenquetæniatus Gunth.

Acontiadæ Gray.

LXXII. Acontias Cuv.

161. — A. meleagris Cuv.
162. — A. niger Peters.

LXXIII. Typhlacontias B. du Boc.

163. — T. punctatissimus B. du Boc.

Typhlophthalmidæ Rochbr.

LXXIV. Feylinia Gray.

164. — F. Currori Gray.

LXXV. Anelytrops A. Dum.

165. — A. elegans A. Dum.

LXXVI. Typhlophthalmos Rochbr.

166. — T. Cuvieri Rochbr.

PROTOPHIDII Dau. (P. Part.).

Annulati Wiegm.

Trogonophidæ Gray.

LXXVII. Trogonophis Kauf.

167. — T. Wiegmauni Kauf.

Amphisbœnidæ C. Bp.

LXXVIII. Amphisbœna Lin.

168. — A. quadrifrons Peters.

LXXIX. Cynisca Gray.

169. — C. leucura Gray.

LXXX. Ophioproctes Bouleng.

170. — O. Liberiensis Bouleng.

Cephalopeltidæ Gray.

LXXXI Monotrophis Smith.

171. — M. sphenorhynchus Peters.

Lepidosternidæ Gray.

LXXXII. Phractogonus Hallow.

172. — P. galeatus Hallow.
173. — P. Dumerilli Strauch.
174. — P. Anchietœ B. du Boc.
175. — P. jugularis Peters.
176. — P. magnipartitus Peters.
177. — P. scalper Gunth.

OPHIDII Opp.

Opoterodonti Dum. et Bib.

Typhlopidæ Dum. et Bib.

LXXXIII. Ophthalmidion Dum et Bib.

178. — O. Eschrichtii Dum. et Bib.
179. — O. lineolatum Jan.
180. — O. Kraussi Reichen.
181. — O. elegans Peters.
182. — O. decorosus Buch. et Peters.

LXXXIV. Onychocephalus Dum.et Bib.

183. — O. Delalandii Dum. et Bib.
184. — O. congestus Dum. et Bib.
185. — O. dinga Peters.
186. — O. nigrolineatus Hallow.
187. — O. cœcus A Dum.

Catodonidæ Dum et Bib.

LXXXV. Stenostomophis Rochbr.

188. — S. nigricans Rochbr.
189. — S. Sundewalli Rochbr.
190. — S. scutifrons Rochbr.

Rachiodonti Rochbr.

Rachiodontidæ Gunth.

LXXXVI Dasypeltis Wagl.

191. — D. scaber Wagl.
192. — D. Abyssinicus Rochbr.
193. — D. palmarum Gunth.
194. — D. fasciatus Smith.

Metabolodonti Rochbr.

Erycidæ C. Bp.

LXXXVII. Eryx Oppel.

195. — E. jaculus wagl.
196. — E. Thebaicus Dum. et Bib.

LXXXVIII. Rhoptura Peters.

197. — R. Reinhardti Peters.

Boœidæ Dum. et Bib.

LXXXIX Pelophilus Dum. et Bib.

198. — P. Fordii Gunth.

Pythonidæ Dum. et Bib.

XC. Python Cuv.

199. — P. Sebœ Dum. et Bib,
200. — P. regius Dum. et Bib.

Calamaridæ Dum. et Bib.

XCI. Temnorhynchus Smith.

201. — T. Sundewalli Smith.
202. — T. meleagris Rochbr.
203. — T. frontalis Peters.
204. — T. Jani Rochbr.
205. — T. ambiguus Rochbr.

XCII. Elapops Gunth.

206. — E. modestus Gunth.

XCIII. Homalosoma Wagl.

207. — H. lutrix Dum. et Bib.
208. — H. variegatum Peters.

XCIV. Amblyodipsas Peters.

209. — A. unicolor Peters.
210. — A. microphthalma Peters.

XCV. Miodon A. Dum.

211. — M. Gabonense A. Dum.

XCVI. Uriechis Peters.

212. — U. Capensis Peters.
213. — U. nigriceps Peters.

Zacholusidæ Rochbr.

XCVII. Lytorhynchus Peters.

214. — L. diadema Peters.

XCVIII. Zacholus Wagl.

215. — Z. olivaceus Rochbr.
216. — Z. fuliginoides Rochbr.
217. — Z. canus Rochbr.
218. — Z. semiornatus Rochbr.

XCIX. Meizodon Fisch.

219. — M. regularis Fisch.
220. — M. bitorquata Gunth.
221. — M. Dumerilli Gunth.
222. — M. longicauda Gunth.

C. Ablabes Dum. et Bib.

223. — A. rufula Dum. et Bib.
224. — A. Hildebrandtii Peters.

CI. Psammophylax Fitz.

225. — P. rhombeatus Fitz.

CII. Macroprotodon Gunth.

226. — M. cucullatus Jan.
227. — M. textilis Jan.

CIII. Amplorhinus Smith.

228. — A. multimaculatus Smith.

Natricidæ Gunth.

CIV. Graya Gunth.

229. — G. Silurophaga Gunth.

CV. Tropidonotus Kuhl.

230. — T. ferox Gunth.

CVI. Limnophis Gunth.

231. — L. bicolor Gunth.

CVII. Hydræthiops Gunth.

232. — H. me'anogaster Gunth.

Colubridæ C. Bp.

CVIII. Zamenis Wagl.

233. — Z. florulentus Dum. et Bib.

CIX. Periops Wagl.

234. — P. hippocrepis Wagl.
235. — P. parallelus Dum. et Bib.

CX. Scaphiophis Peters.

236. — S. albopunctatus Peters.
237. — S. Raffreyi Bocourt.

CXI. Macrophis B. du Boc.

238. — M. ornatus B. du Boc.

Psammophidæ Gunth.

CXII Psammophis Boie.

239. — P. sibilans Schl.
240. — P. moniliger Schl.
241. — P. subtæniatus Peters.
242. — P. intermedius Rochbr.
243. — P. elegans Shaw,
244. — P. irregularis Fisch,
245. — P. crucifer Boie.
246. — P. punctulatus Dum. et Bib.
247. — P. trigrammus Gunth.
248. — P. biseriatus Peters.

CXIII. Rhamphiophis Peters.

249. — R. rostratus Peters.

CXIV. Dipsina Jan.

250. — D. multimaculata Jan.
251. — D. rubropunctata Fisch.

CXV. Cœlopeltis Wagl.

252. — C. lacertina Wagl.

CXVI. Rhagerrhis Peters.

253. — R. tritæniata Gunth.
254. — R. producta Peters.

Dryadidæ Dum. et Bib.

CXVII. Herpetodryas Boie.

255. — H. Bernieri Dum. et Bib.

CXVIII. Philodryas Wagl.

256. — P. lineatus Jan.
257. — P. miniatus Jan.
258. — P. Goudoti Jan.

CXIX. **Herpetæthiops** Gunth.

259. — H. Bellii Gunth

CXX. **Xenurophis** Gunth.

260. — X. Cæsar Gunth.

Dendrophidæ Schl.

CXXI. **Leptophis** Bell.

261. — L. smaragdinus Dum. et Bib.

CXXII. **Philothamnus** Smith.

262. — P. irregularis Fisch.
263. — P. semivariegatus Smith.
264. — P. punctatus Pe'ers
265. — P. natalensis Smith.

CXXIII. **Chlorophis** Hallow.

266. — C. heterodermus Hallow.

CXXIV. **Hapsidophrys** Fisch.

267. — H. lineatus Fisch.
268. — H. cœruleus Fisch.
269. — H. niger Gunth.

CXXV. **Dispholidus** Duvernoy.

270. — D. typus Rochbr.
271. — D. viridis Rochbr.

CXVI. **Chrysopelea** Boie.

272. — C. præornata Gunth.

CXXVII. **Rhamnophis** Gunth.

273. — R. Æthiopissa Gunth.

CXXVIII. **Thrasops** Hallow.

274. — T. flavigularis Hallow.

Dryophidæ Gunth.

CXXIX. **Uromacer** Dum. et Bib.

275. — U. oxyrhynchus Dum. et Bib.

CXXX. **Thelotornis** Smith.

276. — T. Kirtlandii Peters.

Dipsadidæ Schl.

CXXXI. **Tarbophis** Fleisch.

277. — T. vivax Dum. et Bib.

CXXXII. **Telescopus** Wagl.

278. — T. obtusus Dum et Bib.
279. — T. semiannulatus Smith.

CXXXIII. **Triglyphodon** Dum. et Bib.

280. — T. pulverulentum Jan.
281. — T. fuscum Dum. et Bib.

CXXXIV. **Toxicodryas** Hallow.

282. — T. Blandingi Hallow.

CXXXV. **Eteirodipsas** Jan.

283. — E. colubrina Jan.

CXXXVI. **Crotaphopeltis** Fitz.

284. — C. rufescens Jan.

Lycodontidæ Dum. et Bib.

CXXXVII. **Heterolepis** Smith.

285. — H. Capensis Smith.
286. — H. glaber Jan.

CXXXVIII. **Simocephalus** Gray.

287. — S. Poensis Gray.
288. — S. Granti Gunth.

CXXXIX. **Lamprophis** Fitz.

289. — L. aurora Dum. et Bib.

CXL. **Lycophidion** Fitz.

290. — L. Horstockii Schl.
291. — L. Gambiense Rochbr.
292. — L. laterale Hallow.
293. — L. acutirostre Gunth.
294. — L. irroratum Gunth.
295. — L. semicinctum Dum. et Bib.
296. — L. guttatum Jan.

CXLI. **Catapherodon** Rochbr

297. — C. unicolor Rochbr.
298. — C. Capense Rochbr.
299. — C. variegatum Rochbr.
300. — C. nigrum Rochbr.
301. — C. fasciatum Rochbr.
302. — C. geometricum Rochbr.
303. — C. quadrilineatum Rochbr.
304. — C. lemniscatum Rochbr.

CXLII. **Holuropholis** A. Dum.

305. — H. — Olivaceus A. Dum.

CXLIII. **Hormonotus** Hallow.

306. — H. audax Hallow.

CXLIV. **Botrophtalmus** Schl.

307. — B. lineatus Schl.
308. — B. brunneus Gunth.

CXLV. Bothrolycus Gunth.

309. — B. ater Gunth.

Aulacodonti Rochbr.

Elapsidæ Gunth.

CXLVI. Pœcilophis Gunth.

310. — P. hygiæ Gunth.
311. — P. dorsalis Gunth.

CXLVII. Elapsoidea B. du Boc.

312. — E. Guntheri B. du Boc.

Atractaspididæ Gunth.

CXLVIII. Atractaspis Smith.

313. — A. Bibroni Smith.
314. — A. aterrimus Gunth.
315. — A. corpulentus Hallow.
316. — A. irregularis Gunth.
317. — A. microlepidotus Gunth.

Dendraspididæ A. Dum.

CXLIX. Dendraspis Schl.

318. — D. angusticeps A. Dum.
319. — D. Jamesonii Schl.
320. — D. Wellwitschii Gunth.
321. — D. polylepis Gunth.
322. — D. intermedius Gunth.

CL. Causus Wagl.

323. — C. rhombeatus Wagl.
324. — C. Lichtensteini Jan.

CLI. Sepedon Merr.

325. — S. hæmachates Merr.

Naiidæ C. Bp.

CLII. Cyrtophis Sund.

326. — C. scutatus Smith.

CLIII. Naja Laur.

327. — N. baje Smith.
328. — N. intermixta Dum. et Bib.
329. — N. melanoleuca Hallow.
330. — N. Anchietæ B. du Boc.
331. — N. nigricollis Reinh.

Solenodonti Rochbr.

Viperidæ C. Bp.

CLIV. Vipera Laur.

332. — V. superciliaris Peters.

CLV. Echidna Merr

333. — E. Mauritanica Guich
334. — E. Avicennæ Alpesl.
335. — E. inornata Smith.
336. — E. atropos Merr.

CLVI. Cerastes Wagl.

337. — C. caudalis Dum. et Bib.
338. — C. Ægyptiacus Dum. et Bib.

CLVII. Echis Merr.

339. — E. arenicola Strauch

CLVIII. Clotho Gray.

340. — C. nasicornis Gray.

CLIX. Atheris Cope.

341. — A. squamigera Cope.
342. — A. Burtoni Gunth.
343. — A. chloroechis Peters.

CLX. Bitis Gray.

344. — A. arietans Gray.
315. — A. Rhinoceros Gray.

EXPLICATION DES PLANCHES

Planche I.

Figure 1. — *Pelomedusa Gasconi* Rochbr., 3/5 grand. nat.
  » 2. — Carapace vue en dessous.

Planche II.

Figure 1. — *Heptathyra Aubryi* Cope, adulte, 1/6 grand. nat.
    2. — La même jeune, grand. nat.

Planche III.

Figure 1. — *Gymnopus Ægyptiacus* Dum. et Bib., adulte, 1/7 grand. nat.
  » 2. — La même jeune, grand. nat.

Planche IV.

Figure 1. — *Tetrathyra Vaillantii* Rochbr., adulte, 1/4 grand. nat.
  » 2. — La même jeune, grand. nat.

Planche V.

Figure 1. — *Osteolæmus tetraspis* Cope, tête vue en dessus, 1/8 grand. nat.
  » 2. — *Crocodilus vulgaris* Cuv., tête vue en dessus, 1/12 grand. nat.

Planche VI.

Figure 1. — *Temsacus intermedius* Gray, tête vue en dessus, 1/6 grand. nat.
    2. — *Mecistops cataphractus* Gray, tête vue en dessus, 1/10 grand. nat.

Planche VII.

Figure 1. — *Temsacus intermedius* Gray, 1/10 grand. nat.

Planche VIII.

Figure 1. — *Platydactylus gigas* L. Vaill., grand. nat.
  » 2. — Œil grossi 4 fois, montrant la forme de la pupille.

Planche IX.

Figure 1. — *Dactychilikion Braconnieri* Thom., grand. nat.
  » 2. — Un doigt du même, grossi 2 fois 1/2.
  » 3. — *Hemidactylus Bouvieri* Boc., grand. nat.
  » 4. — Un doigt du même, grossi 2 fois.
  » 5. — *Phyllurus Blavieri* Rochbr., grand. nat.
  » 6. — Un doigt du même, grossi 5 fois.

Planche X.

Figure 1. — *Agama colonorum* Dum., 2/3 grand. nat.

Planche XI.

Figure 1. — *Agama Savatieri* Rochbr., grand. nat.
  » 2. — Tête du même, vue en dessus et grossie.
  » 3. — *Agama Bocourti* Rochbr., grand nat.
  » 4. — Tête du même, vue en dessus et grossie.

Planche XII.

Figure 1. — *Gerrhosaurus Bibroni* Smith, grand. nat.
  » 2. —   »   *Dulignoni* Rochbr., grand. nat.

Planche XIII.

Figure 1. — *Macroscincus Cocteaui* B. du Boc., 1/2 grand. nat.

Planche XIV.

Figure 1. — *Anelytrops elegans* A. Dum., grand. nat.
  » 2. — *Phractogonus Dumerilli* Strauch, grand. nat.

Planche XV.

Figure 1. — *Onychocephalus congestus* Dum. et Bib., grand. nat.
  » 2. —   »   *cœcus* A. Dum., grand. nat.

Planche XVI.

Figure 1. — *Pelophilus Fordii* Gunth., 1/2 grand. nat.

Planche XVII.

Figure 1. — *Miodon Gabonense* A. Dum., 2/3 grand. nat.

Planche XVIII.

Figure 1. — *Scaphiophis Raffreyi* Boc., 2/3 grand. nat.

Planche XIX.

Figure 1. — *Rhamnophis Æthiopissa* Gunth., 3/4 grand. nat.

Planche XX.

Figure 1. — *Bitis Rhinoceros* Gray, 1/2 grand. nat.

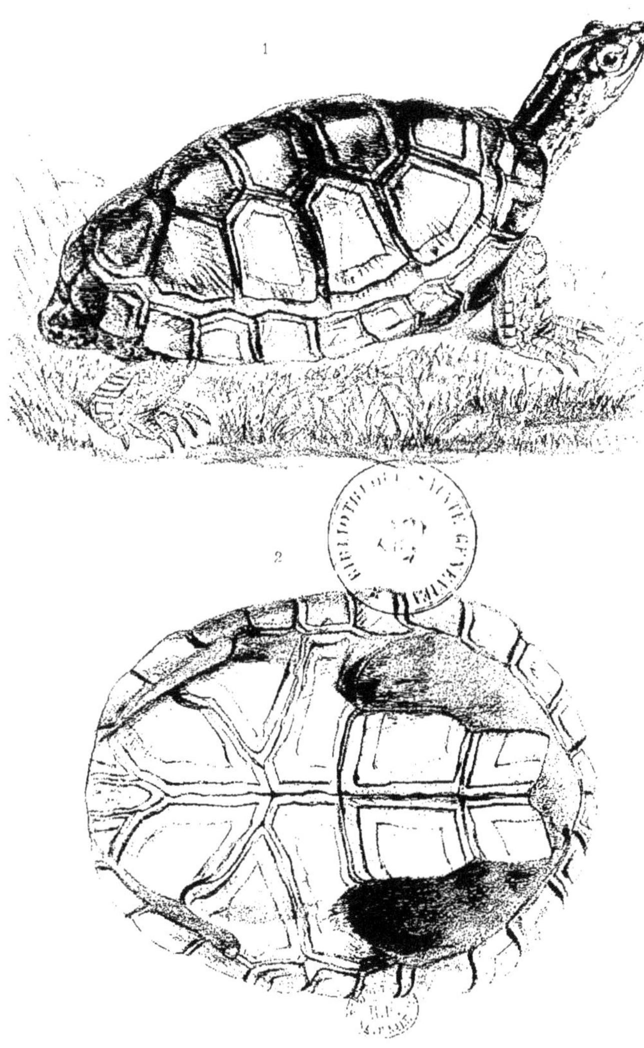

1
2

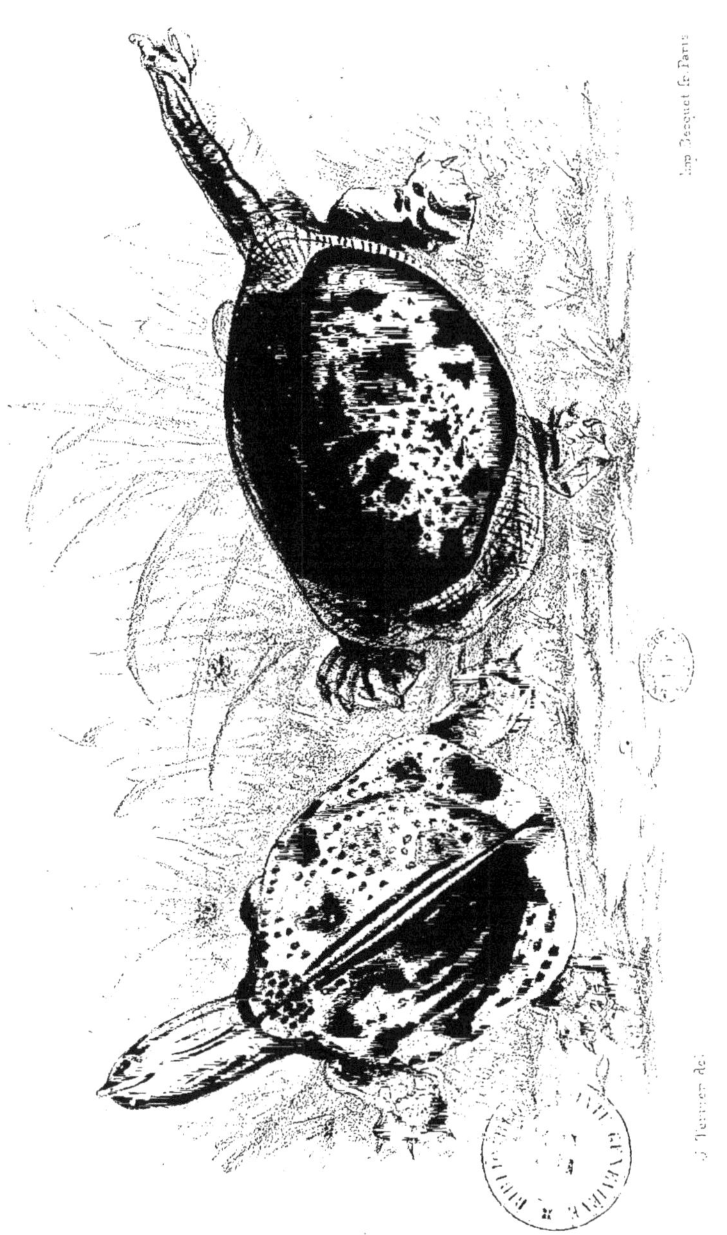

Pl. II.
Imp. Becquet fr. Paris
J. Terrier del.
Hemiathyra Auduini Cope

J. Terrier del.

Imp Becquet fr. Paris.

Gymnopus Aegyptiacus Dum. et Bib.

1

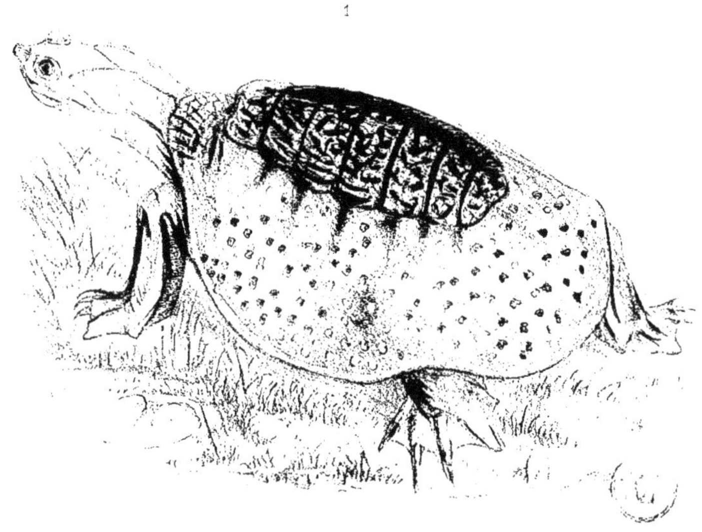

2

Tetrathyra Vaillantii Rochbr.

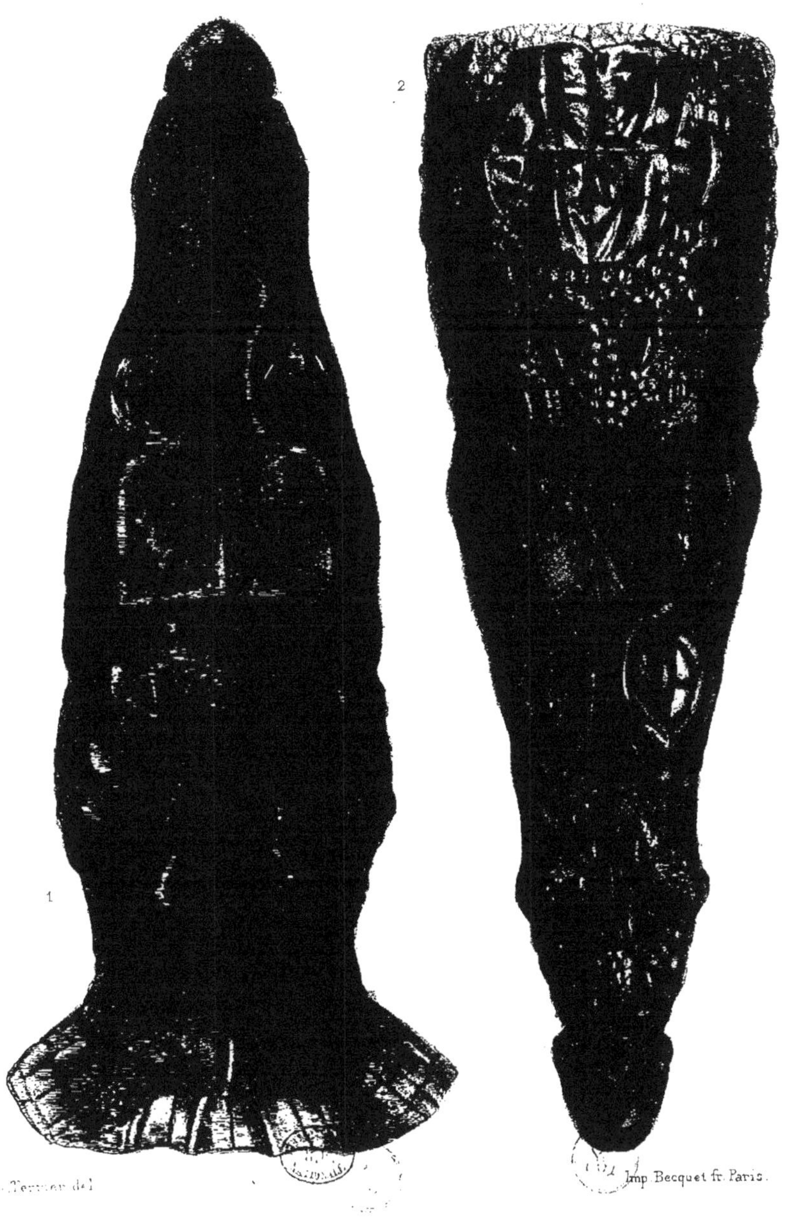

1. Osteolæmus tetraspis Cope _ 2. Crocodilus vulgaris Cuv.

1. Tomsacus intermedius Gray. _ 2. Mecistops cataphractus Gray.

J. Terrier del
Imp Becquet fr Paris
Pl. VII.
Temsacus intermedius Gray

Platydactylus gigas L. Vaill

1. 2. Gecko milikton Bracounier Team
3. 4. Hemidactylus Bowiem bor. 5. 6. Phyllurus Plaviem Rochbr.

Agama Colonorum Daud.

1,2. Agama Savatieri Rochbr. — 3,4. Agama Bocourti Rochbr.

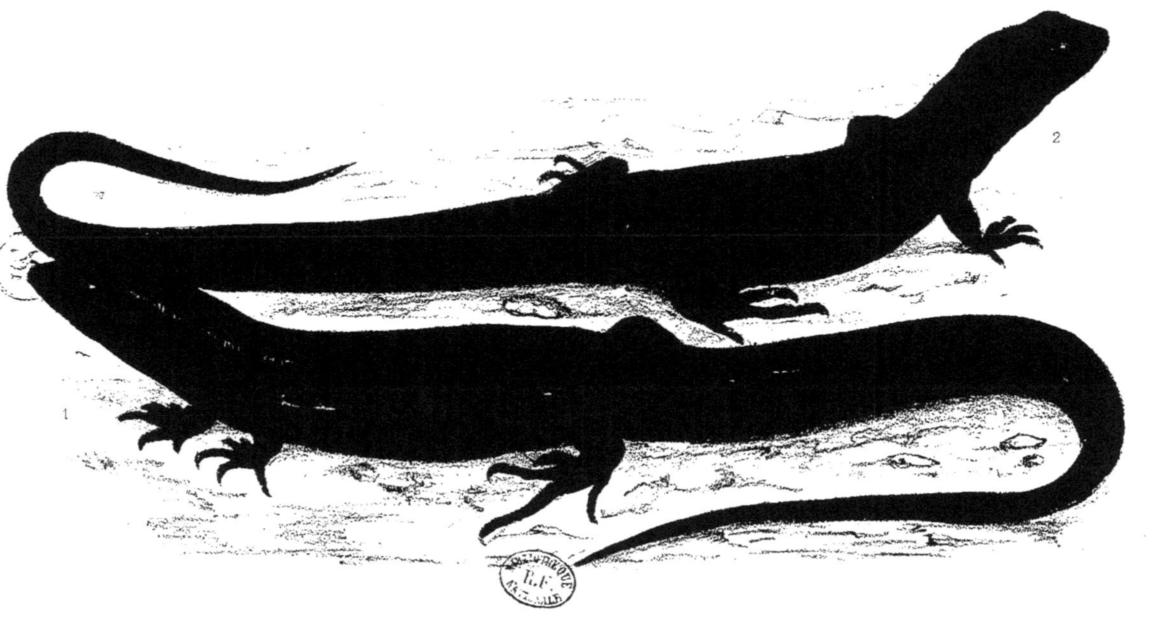

1. Gerrhosaurus Bibroni Smith — 2. Gerrhosaurus Dulignoni Rochbr.

J. Terrier del.

Imp. Becquet fr. Paris.

Pl. XIII.

Macroscincus Cocteaui B. du Boc.

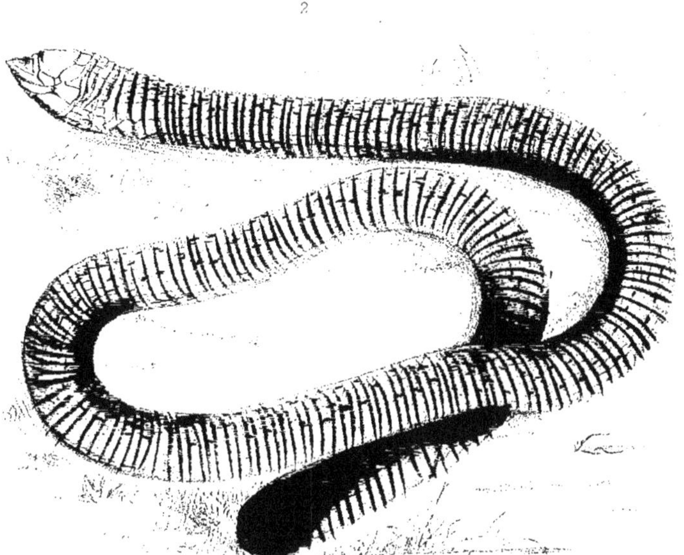

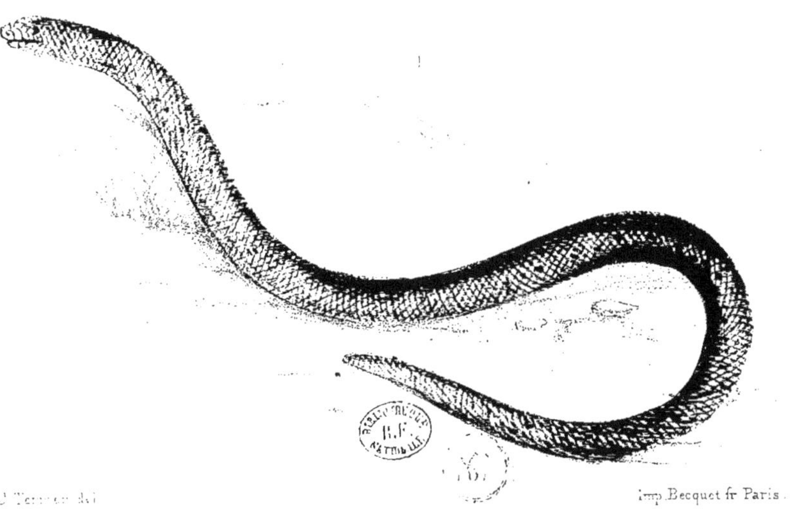

imp.Becquet fr Paris.

1. Anelytrops elegans A.Dum _ 2. Phractogonus Dumerilli Strauch.

1. Onychocephalus congestus D. et B._2. Onychocephalus coecus A. Dum.

Pl. XVI.
J. Terrier del.
Imp. Becquet fr. Paris.
Pelophilus Fordii Gunth.

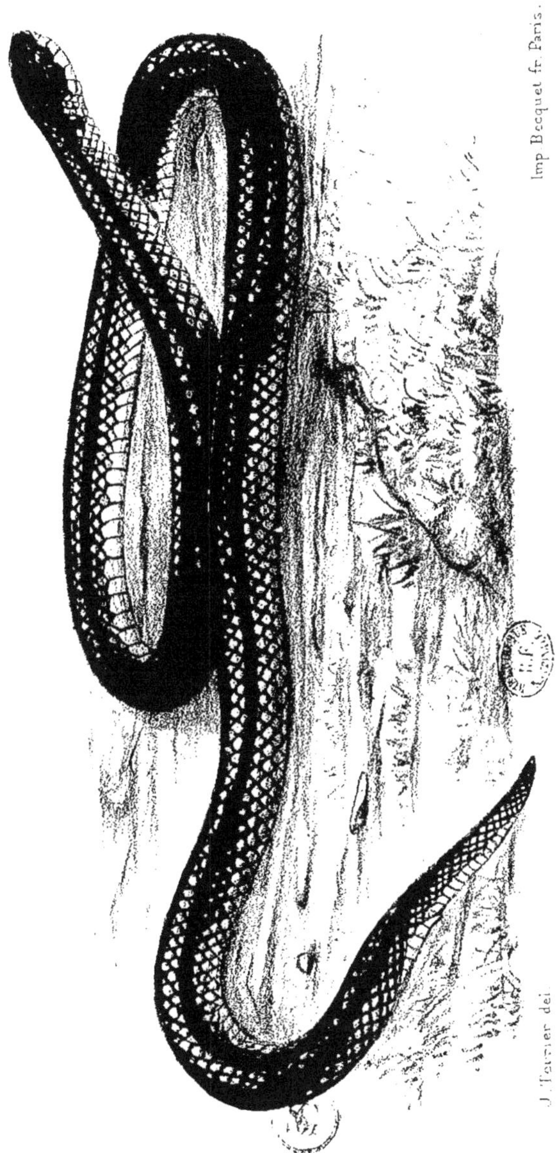

Pl. XVII.
Imp Becquet fr. Paris.
J. Terrier del.
Miodon Gabonense A.Dum.

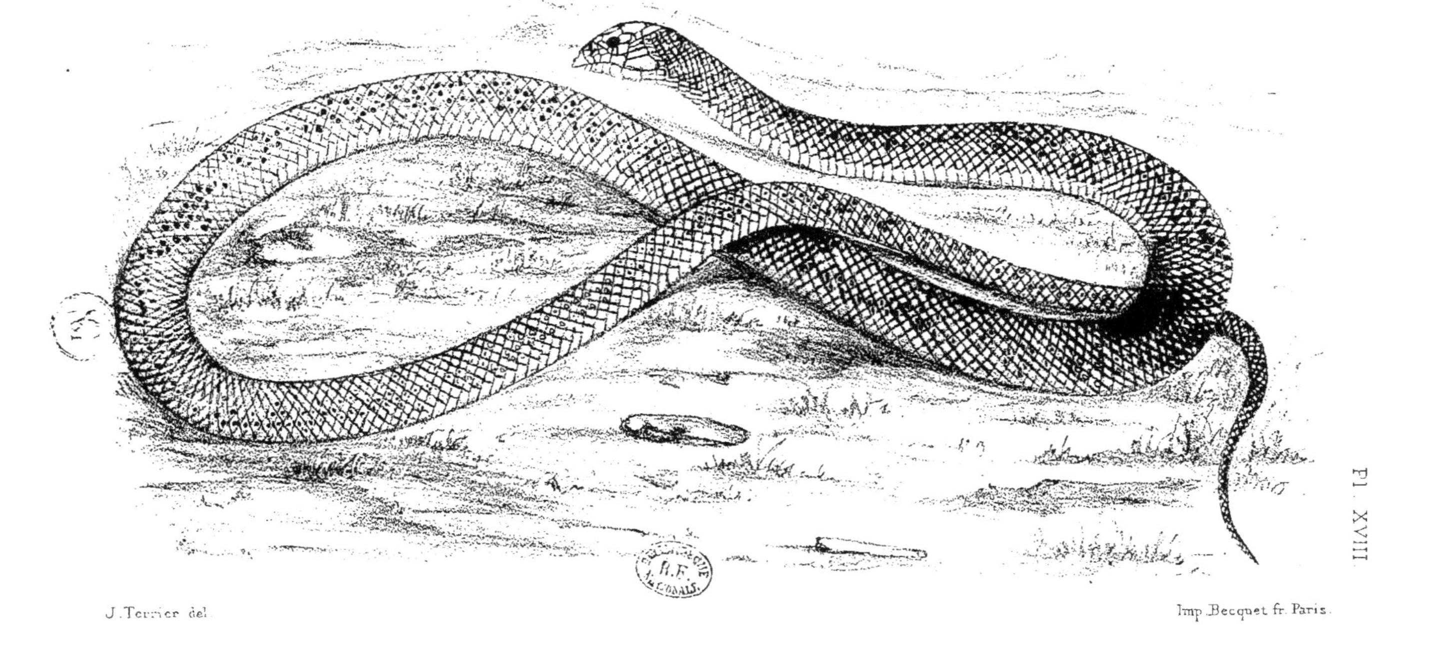

Scaphiophis Raffreyi Bocourt

J.Terrier del.

Imp.Becquet.fr.Paris.

Rhamnophis Æthiopissa Gunth.

J. Terrier del.

Imp. Becquet fr. Paris.

Bitis Rhinoceros Gray.

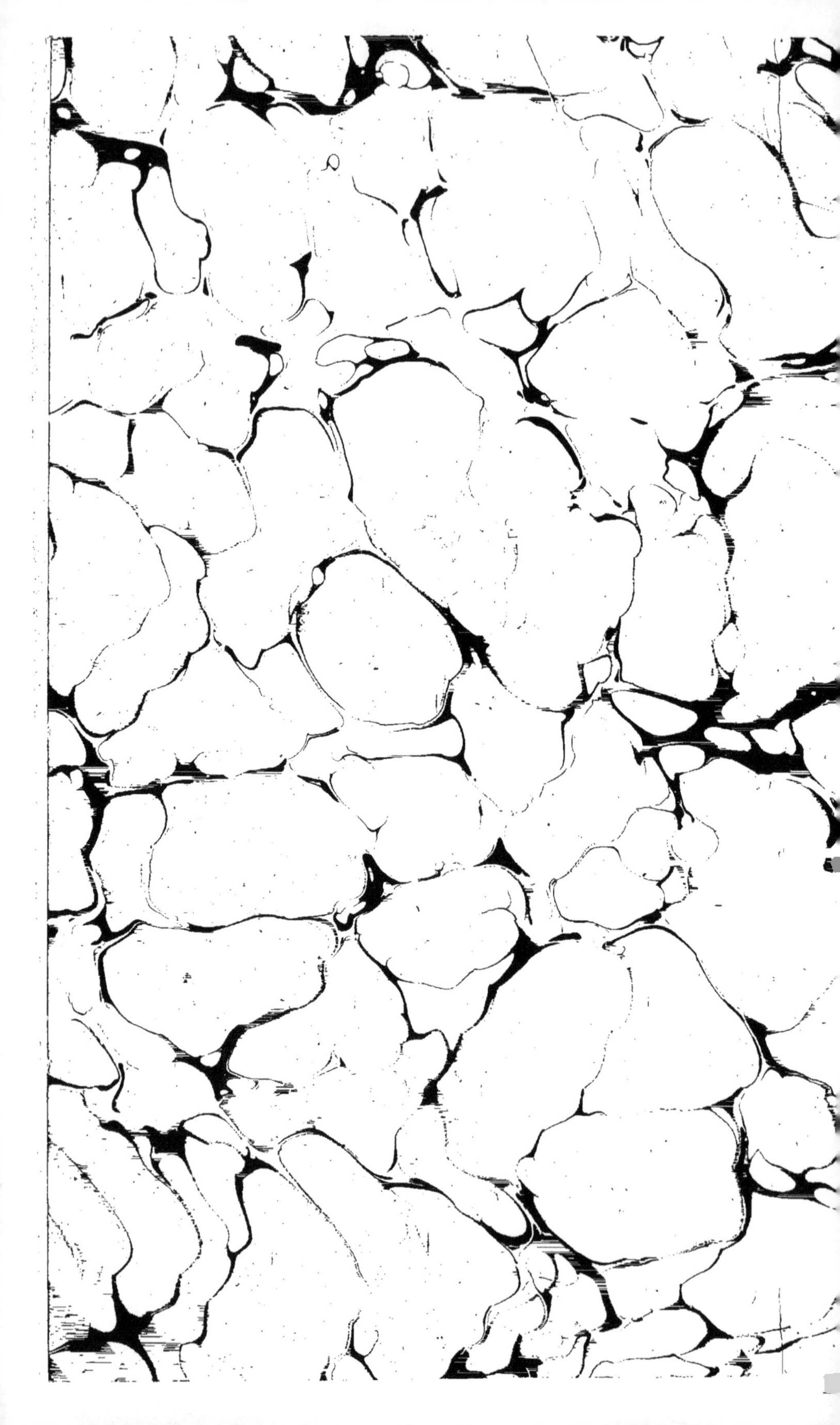

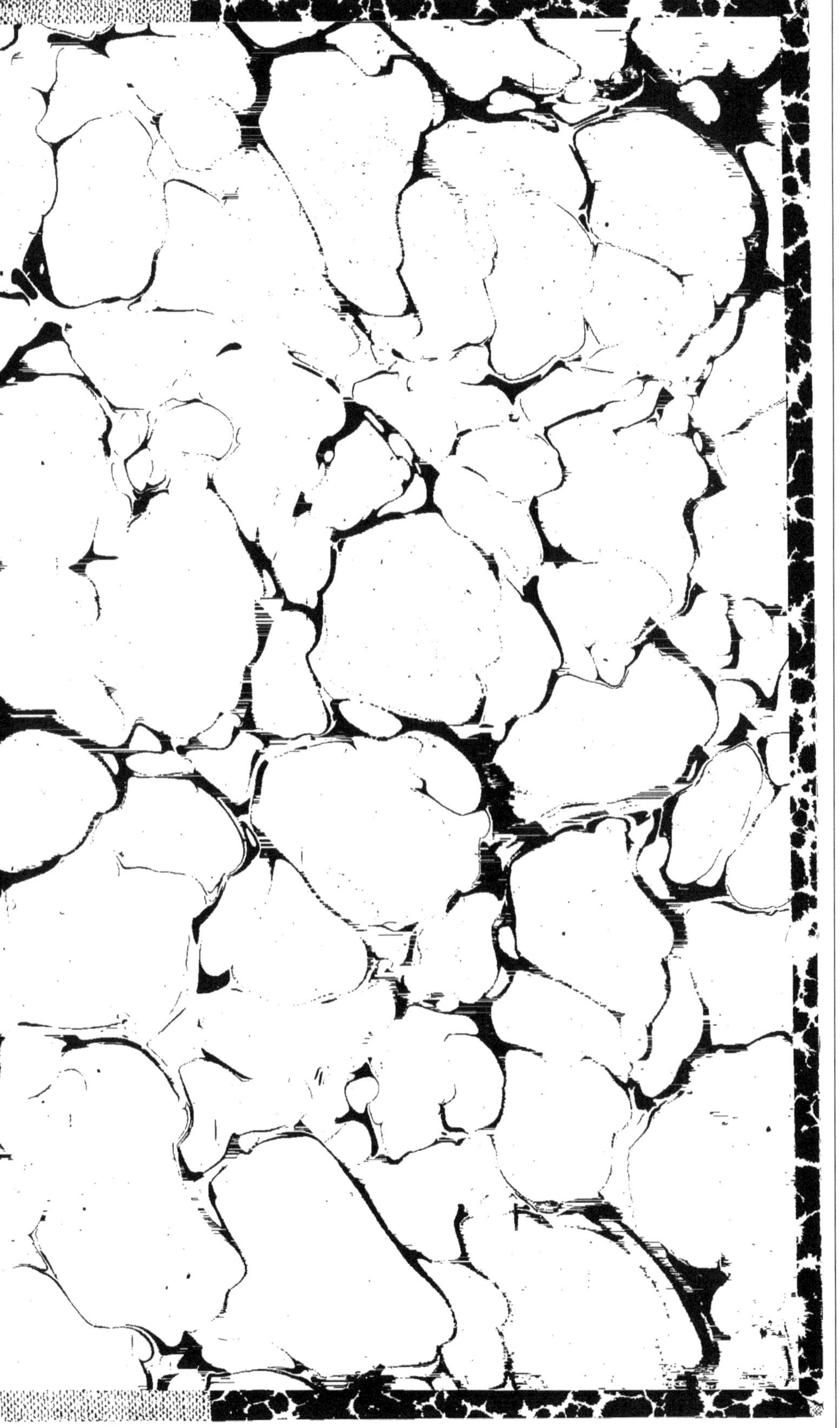

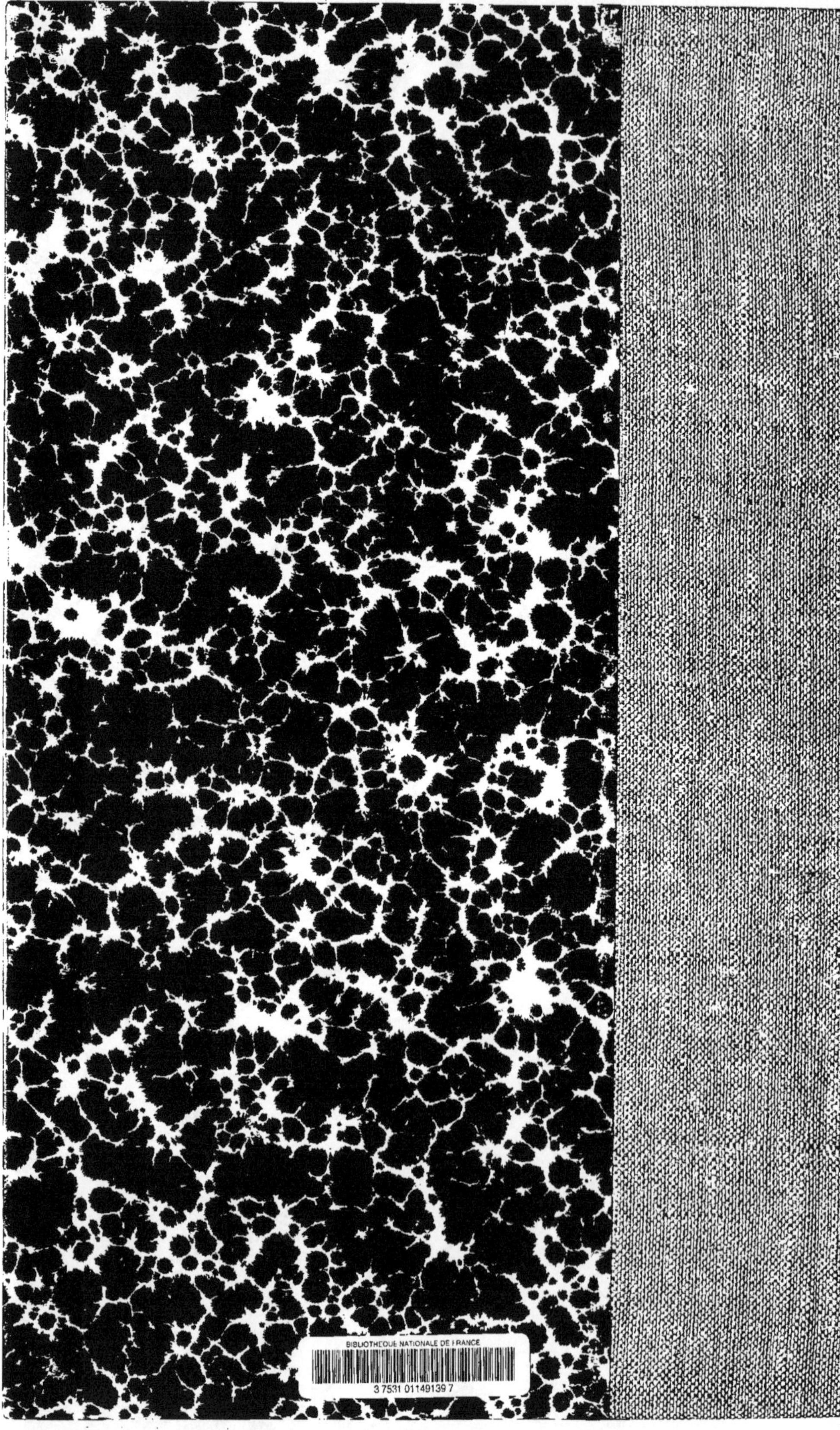

www.ingramcontent.com/pod-product-compliance
Ingram Content Group UK Ltd.
Pitfield, Milton Keynes, MK11 3LW, UK
UKHW022159120726
13694UKWH00002B/360